蔬食·舒食

營養且豐盛的200道美味素食

U0096024

作者——漢竹

前言

你為什麼吃素？

為了信仰、出於道德、擁護環保還是跟隨時尚？

又或者，想在重油重鹽的飲食後，找回平淡的滋味呢？

無論原因為何，吃素會讓人感受到愉悅。生活中，我們經常在吃素，只是自己渾然未覺。出門在外，總是要委屈自己的胃。可是回到家，就會得到最珍重的對待。涼菜清爽的口感、小炒家常的味道、燉煮時「咕嚕咕嚕」冒泡的聲音……幸福感油然而生。

有人覺得素食味道太平淡，其實，素食也可以很誘人。素食的材料不只是青菜蘿蔔，可以很豐富。素食也有酸甜苦辣，素食也有煎炒烹炸。細心品嘗素食的味道，就像品嘗生活的味道一樣，總會找到我們和我們所愛的人共同期待的幸福滋味。

目錄

第二章
豆類及豆製品

第三章
菌類、藻類

第四章
蛋、奶及蛋奶製品

第五章 素肉

第六章 涼菜

第七章
熱菜

第八章
羹湯

第九章
主食

第十章
禪味素食

第一章
素食本色，天然健康

　　說到吃素，我們會在第一時間想到「健康、養生、綠色、天然」等詞彙，這是素食最本真的魅力。而這些詞彙正好包含了我們最需要的東西，沒有什麼比健康更重要、沒有什麼比素食更天然。

選擇素食，選擇健康

　　為什麼選擇素食？這個問題看起來很好回答，可是真正回答的時候，往往不能把其中內涵完全表達出來。我們之所以選擇素食，並不是出於特定的外部原因，而是我們內心最直接的感受。

　　很多人吃素後，感覺身體很舒服，比如輕鬆、輕盈、不上火等，就像忙了幾天的人飽飽地睡了一覺，是由內而外的感受。

　　那麼，素食還有哪些好處？你都知道嗎？除了很多女性熱衷的減肥瘦身外，吃素的好處還有很多。

瘦身減肥

　　很多明星都是素食主義者或半素食主義者，少部分是為了信仰、環保或其他原因，絕大部分都是為了瘦身和養生。

　　我們最常吃的素食是蔬菜，熱量非常低。即使搭配主食，也能讓我們健康減肥不復胖。而且，蔬菜的潤腸效果很好，排出體內毒素的作用顯著。

　　豆類及豆製品的熱量不高，能為人體補充足夠的蛋白質。蛋、奶及蛋奶製品中，蛋類和奶類本身熱量不高，但加工後的麵包、餅乾、乳酪都是熱量很高的食物。以馬鈴薯為原料製成的薯條、洋芋片等，由於經過油炸，熱量也很高。如果想要減肥，就要儘量避免這些食物。

美容養顏

吃素還能讓人變漂亮，最明顯的就是皮膚會很細緻、有彈性。素食中普遍含有的礦物質、膳食纖維，能清除血液中的毒素，幫助在代謝過程中的皮膚輸送充足的養分，使皮膚組織細緻，富有光澤。

需要注意的是，不要認為吃素就需要補充維生素而購買各種保健食品。在日常飲食中補充營養是最健康的方式，額外補充反而會對身體造成危害。如果有些擔心自己的身體狀況，務必積極和醫生溝通，改變生活和飲食方式。若是難以從飲食中攝取足夠營養的族群，如老人、兒童、孕婦、偏食者、某些疾病的患者等，則需要在專業醫師的建議下，視情況服用保健食品，並遵循適量、均衡的原則。

降低癌症發病率

吃素能治癒癌症？這種說法並不科學，但人們相信「吃素能治癒癌症」是其來有自。美國科學家在1993~1999年間的調查中發現，素食者發生惡性腫瘤的機率比肉食者低。直腸癌等常見癌症之所以發病，與動物性食物的攝取量有很大關係，這有大量的資料可以證明。

但我們不能以偏概全，誇大素食的功效。常吃素食可以預防直腸癌，但已患有直腸癌的患者，吃素重在緩解症狀，而不是吃素就一定能治癒癌症，現在科學尚未有明確證據證明兩者之間存在必然的因果關係。

預防心腦血管疾病

膽固醇分為兩種：一種是低密度脂蛋白膽固醇，是我們常說的壞膽固醇；另一種是高密度脂蛋白膽固醇，不但無害，反而有益，是我們常說的好膽固醇。

低密度脂蛋白膽固醇的升高和脂肪攝取量過多有很大的關係，適當吃素就可以避免這一原因引起的心腦血管疾病。素食中的豆類及豆製品含有豐富的卵磷脂，可以促進血液循環，預防動脈硬化、高血壓、心臟病等心腦血管疾病。而芹菜、洋蔥、海帶、木耳、綠豆等，有降血壓、鎮靜等作用，是高血壓患者飲食中常見食物。

此外，抽煙、喝酒也會引起低密度脂蛋白膽固醇升高。堅持吃素的同時，也要保持健康的生活習慣，才能獲得最佳效果。

減輕身體負擔

素食中的蔬菜大多含有豐富的膳食纖維，能促進消化，不會長時間滯留在體內。而動物性食物需要相當長的時間來吸收，這會加重腸胃的消化負擔。

而且，動物性食物中往往含有很多毒素。養殖環境、飼料餵養、常用藥品、運輸過程、加工製程、保存過程等，各個環節中的疏忽，都有可能導致動物性食物被污染，我們購買時也無法僅憑肉眼來辨別。選擇值得信賴的品牌、新鮮的食物與正確的烹飪處理方式，都很重要。

如果不是素食主義者，當胃部不適、消化不良、便秘等症狀出現時，可以多吃素，以調節身體狀態，讓身體充滿活力。

現在流行週一吃素

英國有1/6的人口已經或正在考慮成為素食者，美國有1/10的人口加入吃素行列，悄然傳播的素食文化，使得素食越來越成為全球時尚的標籤，週一吃素已經成為一種全新的環保和健康的生活方式。

這種新興的素食主義者找到了折衷辦法，那就是並非單純摒棄葷腥，而是以含有豐富營養素和微量元素的素食為主，輔以乳製品和蛋，每週固定一天吃素，完全可以做得到，還能給身體一整天清爽的感覺。

素食要低卡也要美味

誰說素食就是口味清淡或一成不變？運用創意巧思和豐富的調味方式，各種不同的素食料理吃起來不僅滋味美妙，風味更是超乎想像地好，素食也可以充滿趣味和豐富性。

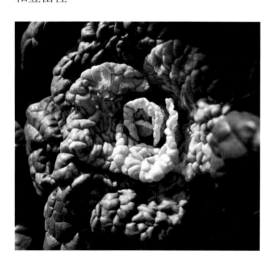

電影《超速先生》中有一句台詞：「不追求夢想的人生，就跟蔬菜一樣。」可是，蘿蔔、白菜、番茄也是拼了命地要變得更好吃啊，不只低卡還很美味呢。

素食的製作竅門

大火快炒保留營養

料理蔬菜的時候，首先別忘了先洗後切的原則，有些食物如紅蘿蔔，還可以採取先煮後切，整條煮熟之後再切成小塊，避免水溶性維生素和礦物質流失。另外，可以採用大火快炒的烹調方式，也能減少維生素流失，促進β-胡蘿蔔素的吸收。最後，記得「炒好即食」，避免同一道菜反覆加熱，這樣才能吃進最多營養。

豆製品如豆漿、豆腐、豆乾等，是素食者的蛋白質主要來源，建議每日攝取2至3份。

蛋白質互補飲食法

六大類食物中，豆類、魚肉、蛋類是蛋白質的主要來源，素食者可以吃的有豆類和蛋類。有鑒於部分素食者不吃蛋，建議每天攝取2份黃豆製品，如豆漿、豆乾、豆腐、豆包、豆干絲等，以獲得豐富的蛋白質。

另外，由於每種食物所含的蛋白質成分不盡相同，建議豆類食物可以跟其他種類的食物相互搭配，以攝取多樣營養素。比如五穀飯搭配黃豆做成黃豆飯，或者利用黃豆燉花生一起吃。

惬意素食：
不油膩、無添加、多風味

素食餐廳裡的素食為什麼那麼好吃？有些素食太油，會不會變胖？家常素食怎麼做才美味？不放味精、雞精，還能放什麼？

選好油，做好菜

油脂熱量很高，讓很多人望之卻步。其實，很多油脂能調節人體的新陳代謝，對我們的健康有益。在烹飪素食的時候使用好油，不但能做出美味素食料理，還會為健康加分。

烹飪素食建議使用的 5 種油脂

分類	橄欖油	玄米油	葡萄籽油	香油	亞麻籽油
保存方式	常溫	常溫	常溫	常溫	常溫
發煙點①	200℃	250℃	240℃	180℃	280℃
烹飪方法	涼拌、炒	煎、炒、炸	煎、炒、炸	涼拌、炒	涼拌
特殊功效	降低血液中的膽固醇	保持精神專注，調節血糖	降低血脂，保持肌膚彈性	抗衰老，防治動脈硬化	預防末端血管阻塞
適合族群	中老年人	兒童、大量用腦的人	女性	中老年人、經常加班的人	酗酒、經常大魚大肉的人
顏色	透亮，以翠綠色、黃綠色為佳	色澤清亮，略呈淡黃色	淡綠色或黃綠色	顏色較深，呈橙紅色、黑褐色	呈黃色或淺黃色
氣味	有淡果香	有淡米香	無味或有淡果香	焦香	清香，有淡草香
口感	順滑，有淡淡的苦味或辛辣味	清而不油	清爽	醇厚、濃郁	微苦
特殊成分	不飽和脂肪酸	穀維素	花青素	維生素E	Omega-3

注①：一般家庭炒菜時，油脂的發煙點為200℃，數值越高，越不容易發煙。

用蘑菇精當調味料

　　蘑菇精是由一種或多種菇類製作而成的鮮味劑，具有鮮味濃、純天然的特點，可以替代味精、雞精。蘑菇精不僅是素食者的最佳調味料，也是人們生活中的天然調味料之一，尤其適合兒童、孕婦、產婦等族群食用。

蘑菇精的做法

材料

香菇60克，猴頭菇、茶樹菇、滑菇各20克。

調味料

冰糖、鹽各10克。

製作步驟：

1. 將香菇、猴頭菇、茶樹菇、滑菇反覆沖洗，徹底瀝乾水分。
2. 將以上材料切碎，放入微波爐，高火力6分鐘，每2分鐘翻拌一下，確保受熱均勻，完全脫水，製成菇粉。
3. 將冰糖磨成細末，和菇粉、鹽一起放入研磨機，磨成末後過篩即可。如果沒有研磨機，可以放入容器中碾碎。

蘑菇精製作秘訣

1. 乾香菇雖然比較好做，但鮮味較少，所以建議用鮮香菇。
2. 除了香菇外，其他菇類可以自由搭配。
3. 放些薑粉的話，蘑菇精的味道會更好。不過薑性熱，兒童和孕婦應少吃。
4. 放進微波爐的時候，一定要每2分鐘翻拌一下，比較不會烤焦。
5. 由於蘑菇精很容易受潮，所以每次做一點就夠了，然後放在乾燥處密封保存，一般能保存2週左右。

　　如果放在冰箱中冷藏，需要密封，保存時間是20天左右。

　　超市中不少食品都有乾燥劑，可以買一些放在裝蘑菇精的容器中，防潮效果很好，可以延長保存期限。

自製美味素高湯

　　高湯、大骨湯可能會很難熬出味道，需要累積經驗。而素高湯取材方便、做法簡單，和素食搭配時，完美詮釋了自然的味道。下面介紹的兩種素高湯，可以代替高湯、大骨湯等，還可以作為火鍋湯料，多喝也不會上火。

蔬菜素高湯的做法

材料

乾香菇3朵，蓮藕1節，紅蘿蔔1根，玉米1/2根，紅棗3顆。

調味料

薑片適量。

製作步驟：

1. 乾香菇泡發，沖洗乾淨，備用。
2. 蓮藕、紅蘿蔔去皮，和玉米一同切塊。
3. 將以上材料放入鍋中，倒入大量水，大火煮滾後，小火再煮1小時。
4. 關火，將材料撈出，沉澱後過濾即可。放入冰箱冷藏可保存3天左右，冷凍可保存5天左右。

海鮮素高湯的做法

材料

海帶200克，白蘿蔔1根。

調味料

老薑適量。

製作步驟：

1. 海帶用水沖洗2遍，切成長條，打結。
2. 白蘿蔔切片，老薑拍扁。
3. 將所有材料放入鍋中，倒入大量水，大火煮滾後，小火再煮40分鐘。
4. 關火，將材料撈出，沉澱後過濾即可。放入冰箱冷藏可保存4天左右，冷凍可保存7天。

吃素容易餓，那要怎麼辦？

吃素很容易消化，能減輕身體負擔。好消化最明顯的特徵就是容易餓，因為這個原因，很多人都覺得苦惱。這裡推薦3招，讓你吃素也能有滿滿飽足感。

粗細搭配，多換花樣

很多人吃素的時候，只是不吃肉，其他一切不變。其實這只是素食的一部分，素食還代表著原生態。

我們一直吃的米、麵，都是經過多次加工才得到的精米、白麵，就是所謂的細糧。在食用細糧前後，人體的血糖值起伏較大，饑餓感比較明顯。與此對應，粗糧更符合素食主義的自然之道。粗糧富含不可溶性膳食纖維，有利於消化系統的正常運作。而且，粗糧能增加食物在胃裡的停留時間，減少饑餓感的產生。經常吃粗糧，還能降低罹患高血壓、糖尿病、肥胖症和心腦血管疾病的風險。

常見粗糧及食譜推薦

分類	常見食物	食譜推薦
穀物類	小米	蘑菇小米粥、桂圓栗子粥
	玉米	奶香玉米餅、香濃玉米湯、農家燒四寶
	黑米	綠豆玉米糊、黑米紅棗粥
	紅米	養顏粥、紅米糰子
豆類	黃豆	番茄燉豆腐、香菜拌黃豆
	綠豆	銀耳拌豆芽、綠豆糙米糊、綠豆南瓜羹
	紅豆	紅豆薏仁粥
	青豆	什錦蔬菜捲、泰式鳳梨飯
	黑豆	黑豆糯米粥、熗拌黑豆苗
根莖類	馬鈴薯	咖哩素雞塊、酸辣馬鈴薯絲
	紅薯	炒地瓜泥、地瓜花生湯
	地瓜	紫薯銀耳羹
	山藥	山藥扁豆糕、剁椒山藥

吃慣細糧再吃粗糧會很不習慣，尤其是穀物類的粗糧常用來當作主食，口感較粗硬。可以搭配細糧一起食用，既能夠調和口感，又能促進營養均衡。

補充少量脂肪和糖分

不要被脂肪和糖分嚇到，它們和蛋白質一樣，都能為我們的身體提供能量。可以少吃，但不能不吃。

脂肪可以從油脂中攝取，尤其是做菜的時候，這是最常見的方式。不過，素食烹飪主張少鹽少油，這樣更能凸顯素食本身的美味。餓的時候吃一點堅果，既能增加飽足感，又能當作解饞的零食。

糖分可以從水果中攝取，簡單又方便，而且容易被身體吸收。白糖、方糖、果糖、含糖飲料等食物糖分高，不適合經常食用。尤其是含糖飲料，隱性的糖分常常被忽略，容易在不知不覺中就攝取了過量糖分，導致體重過胖。

常見堅果、水果及食譜推薦

分類	常見食物	食譜推薦
堅果類	花生	素乾鍋、果仁菠菜、彩椒拌花生
	核桃	風味捲餅、苦苣拌核桃、菠菜核桃
	栗子	栗子扒白菜、桂圓栗子粥
	松子	松子玉米、五仁粥
	腰果	腰果西芹、福圓腰果
水果	蘋果	蘋果葡萄乾粥、什錦果汁飯
	梨	鮮奶木瓜雪梨
	香蕉	拔絲香蕉、優酪乳水果沙拉
	奇異果	奇異果冰沙、奇異果優酪乳

適當加餐，少量多次

一日三餐都吃素的話，會特別容易餓。為了減肥、美容等想要堅持吃素，就要在三餐之外額外加餐，把一日三餐變成一日四餐或一日五餐。

當然，加餐形式可多種多樣。條件允許的話，可以自己在家煮一碗粥、簡單的小炒，或者是鹽水毛豆、鹽水花生、茶葉蛋等好吃易做的小菜。在上班或上課時，可以帶些蔬菜餅、全麥麵包、水果沙拉之類的點心。

加餐的原則就是餓了就吃，如果等到非常餓的時候再吃，會一次攝取大量食物，對身體造成負擔。因此，加餐的時候不要一次吃太多，感覺不餓就可以了。我們的胃需要一段時間反應，然後饑餓感會慢慢減弱。

吃素反而胖，原來你吃錯了

　　吃素怎麼還會胖？這是很多減肥的人難以接受的「事實」。吃素食也會胖的原因主要在於走進了誤區，一起來看看吧。

隱性脂肪在作怪

　　有些長期吃素的人，身體比較健康，但是體重超標，這是為什麼呢？其實，素食本身脂肪含量較低，這是人們選擇吃素的原因之一。但為了口感，很多人在烹飪素食時，放了過多的油脂和調味料，熱量很高。因此，人們常在不知不覺中攝取了隱性脂肪。

　　在烹飪方式上，選擇大火快炒、生吃、涼拌等方式，可以少油甚至無油，最大程度地減少脂肪的攝取。那些油脂太多的菜可以偶爾吃一次，過過癮。想要吃素減肥，清清淡淡的素食更有效。如果抵抗不了誘惑，可以將油脂多的食物放在熱

水中涮一下，可能會少一些味道，但絕對值得。

　　油炸食品最好瀝油之後再吃，不然不但容易胖，對腸胃也不好。再搭配一些促進消化的食物，如白菜、山楂、優酪乳等，減少油炸食物在腸道中的停留時間。

　　有些食物容易吸油，如杏鮑菇、茄子等，不放油就會不香。這時候可以先用小火乾煸，然後再放少量的油炒一下。這樣做的話，食物的味道會很香，我們攝取的油脂也會大大減少。

少吃就餓，多吃就胖

　　吃素容易餓的問題已經在前面說過了，可是減肥時餓了怎麼辦？減肥和吃飽真的不能共存嗎？

　　吃素會胖的人，很大一部分都是受不了餓肚子的苦。多吃主食是行不通的，碳水化合物含量太高，可能會越吃越胖。餓的時候不吃主食更可怕，因為不少人會把水果、餅乾當零食，越減越肥。

　　那要怎麼辦呢？要想吃素減肥，首先要知道，素食熱量低是一回事，容易餓是另一回事。可多攝取豆類及豆製品，如豆腐、豆乾、豆皮等，既能有飽足感，又不會攝取太多脂肪。主食攝取量較大的人，可以適當降低到平時攝取量的80%左右，根據個人情況，在2~4週的時間內，慢慢降低到正常水準。

調整吃飯順序對減肥也很有幫助。按照蔬菜→羹湯→高蛋白食物（如雞蛋、豆腐等）→主食的順序進食，可以妥善控制所攝取的熱量。而且，這樣的順序會很有飽足感，血糖升降幅度小，對身體健康有益。

水果吃太多有弊端

很多人喜歡吃水果，更有甚者，以單純食用水果來減肥。對於一部分人來說，水果減肥法是有效果的。但這種方法對身體很有負擔，也會出現營養問題。

水果的糖分很高，尤其是果糖。空腹吃水果很容易使血糖上升，刺激胰島素的分泌，不利於減肥。如果在主食之外食用過多水果，能量會嚴重高出正常水準。

想要透過吃水果減肥的人，一定要注意三個方面。一是水果要吃新鮮的，而不吃加工食品。果乾、蜜餞等加工食品營養流失過多，糖分、鹽分都會大幅度地提高，只會增肥，不會減肥。二是吃水果要注意攝取量。每天的水果攝取量在200克左右比較合適，並適當減少主食的攝取量，達到能量平衡。最後，選擇糖分較少的水果很有必要，如木瓜、柚子、櫻桃、火龍果、芭樂等。

吃素也要講究營養均衡

　　想要吃素，又擔心營養不均衡是很多人的顧慮。的確，長期吃素的人很容易缺鐵、缺鈣，以及缺乏維生素B_{12}等。而且，部分偏食、挑食的人也會缺鐵和鈣，需要多加注意。

補鋅：素食者和兒童都需要

　　鋅主要存在於動物性食物，尤其是海鮮。對於偶爾吃素的人來說，鋅的攝取量能夠得到保障，而素食者無法從飲食中攝取充足的鋅，所以需要補鋅。

　　在日常飲食中，煎、炸、燉等高溫烹調方式，會使食物中的鋅嚴重流失，涼拌、大火快炒等方式更適合補鋅。

　　補鋅的時候，最好戒煙，並遠離二手煙。煙霧中含有重金屬元素鎘，會干擾鋅的吸收，加重缺鋅的症狀。

常見補鋅食物及食譜推薦

食物	食譜推薦
蛋黃	黃金厚蛋燒 鮮奶蛋羹
核桃	風味捲餅 苦苣拌核桃 菠菜核桃
蘑菇	茶樹菇燒豆腐 蘑菇小米粥
香菇	香菇釀豆腐 香菇炒花椰菜 四喜烤麩
小米	蘑菇小米粥 桂圓栗子粥
花生	素乾鍋 果仁菠菜 彩椒拌花生
蘋果	蘋果葡萄乾粥 什錦果汁飯
芥菜	四喜蒸餃

雖然素食者需要補鋅，但有一種人的需求甚至超過了素食者，這種人就是兒童。兒童缺鋅常表現為厭食、偏食，易患口腔潰瘍，身材矮小、瘦弱，經常感冒、發熱等。具體原因及解決辦法可參照下表。

兒童需要補鋅的原因及解決辦法

原因	解析	解決辦法
胎兒期攝取不足	一方面，懷孕後期時孕婦及胎兒對鋅的需求非常大，很容易缺鋅。另一方面，新生兒誕生後，在生長發育時也需要大量的鋅	在孕婦食譜中添加含鋅豐富的食物，如海鮮
非母乳餵養	母乳中含鋅量十分豐富，吸收率也很高，是補鋅的最佳方式。而部分幼兒屬於非母乳餵養，需要在飲食上格外注意	在醫生的建議下，適當選用強化奶粉或鋅補充劑
挑食偏食	兒童的味蕾還在發育，對事物的味道不是很敏感，所以會有點挑食。這對於兒童來說，是天然的弱點	菜色儘量色香味俱全，少用辛辣、刺激的調味料
消化能力較弱	兒童的消化能力較弱，不能將所有的食物完全消化吸收。而含鋅較多的食物主要是肉類和海鮮，對兒童的消化系統也是一種考驗	少油少鹽，多選擇健脾養胃的食物，如小米、南瓜、玉米、山藥等
補鈣過多	很多家長都意識到兒童補鈣的重要性，卻忽視了補鈣過多的副作用。體內過多的鈣會抑制鐵、鋅的吸收，導致兒童厭食、貧血、無力、生長發育緩慢和免疫力下降	均衡鈣、鋅的比例，調整節奏，補鈣 30 分鐘內不補鋅

補鐵：要循序漸進

缺鐵的常見症狀為頭暈、耳鳴、注意力不集中、記憶力減退、臉色蒼白，嚴重一點的表現為心跳加快、心悸、全身無力等。其實，不光是素食主義者，很多正常飲食者也會缺鐵。在人成長的各個階段，都要適當補鐵。

容易缺鐵的族群

族群	缺鐵原因
嬰幼兒	嬰兒出生 6 個月後，母乳中的鐵消耗殆盡，需要及時補鐵
兒童	兒童新陳代謝快，而且性格好動、運動量大，很容易缺鐵
女性	經血過多會導致血氣消耗，大量鐵流失，絕大部分缺鐵性貧血都是因女性生理期間血量過多而引起
孕婦	孕期補鐵既要滿足孕婦本身的血容量擴張，又要滿足胎兒和胎盤的需求。在懷孕中期，孕婦對鐵的需求量最大，要注意及時補充
產婦	產婦在分娩過程中失血的同時會流失大量鐵質，而且產婦還要哺乳餵養新生兒，也容易導致缺鐵

補鐵可以循序漸進，首先要改善飲食。富含鐵的食物多數是動物食品，如瘦肉、蛋黃等。素食也能達到一定的補鐵效果，素食者可以從五穀雜糧中攝取到鐵質，但吸收率很低，要搭配維生素C才能被身體充分吸收。因此，多吃一些同時富含鐵質和維生素C的食物，如葡萄乾、紅棗等是素食者最佳的補鐵方式。女性可以多喝紅糖，既能補鐵，又能溫經散寒。

也可以準備一些強化食品，如餅乾、奶粉等。挑選的時候注意看食品的營養成分表，兼顧熱量，適當補充。

如果還是不夠，可以在醫生的建議下服用一些營養品，科學補鐵，更加安全，千萬不要自己隨意挑選。人的體質各不相同，即使是補充營養也要堅持個人化。

此外，酒中的成分會降低人體對鐵的吸收率，咖啡、濃茶中的成分會干擾人體對鐵的吸收，都不利於補鐵。經常喝這些飲料的人最好能改變自身的生活習慣。

常見補鐵食物及食譜推薦

食物	食譜
葡萄乾	蘋果葡萄乾粥 蘋果葡萄乾沙拉
紅棗	山藥扁豆糕 黑米紅棗粥
紅糖	山藥荔枝湯 紫米雜糧粥
蛋黃	茴香烘蛋 鮮奶蛋羹
紫菜	紫菜捲 紫菜板
海帶	海帶冬瓜粥 陳皮海帶粥
黑豆	黑豆糯米粥 熗拌黑豆苗
黑木耳	四色什錦 素炒木樨 素魚香肉絲

補鈣：飲食、運動要結合

　　除了素食者，成長發育期的兒童、孕婦、產婦、更年期婦女及老人都需要補鈣。不同族群對鈣的需求有很明顯的差異，其中，9~18歲的兒童、青少年及老年人是補鈣的高需求族群。如有以下缺鈣表現，應去醫院檢查血清鈣濃度、骨密度等。

缺鈣的常見症狀

族群	症狀
兒童	不易入睡、易驚醒、說話晚、學步晚、長牙晚、牙齒稀疏不齊等
青少年	腿軟、抽筋、注意力不集中、偏食或厭食、牙齒發育不良等
中年人	經常倦怠、無力、抽筋、腰酸背痛
孕婦、產婦	牙齒鬆動、經常抽筋、腰酸背痛、關節痛
老年人	腳後跟痛、頸腰疼痛、牙齒鬆動或脫落、駝背、食欲減退等

　　素食其實也可以很好地補鈣，我們的誤區常常是因為本身對素食不夠了解。一方面，不少人把素食簡單地看作蔬菜、水果等，而忽略了豆類及豆製品。這些食物的補鈣效果並不差，只是我們較少注意而已。

　　另一方面，素食中的蔬菜佔有相當大的比重，而很多蔬菜中含有草酸，比如菠菜，會與人體中的鈣形成草酸鈣而影響鈣的吸收。遇到這種情況時，該怎麼補鈣呢？以菠菜為例，只需要將菠菜放入滾水中汆燙1分鐘，撈出再烹調就可以了。這是因為草酸易溶於水，只要簡單汆燙一下，就能將大部分草酸除去。對攝取多樣食物的人來說，剩餘的草酸基本上不會對健康構成影響。

　　需要注意的是，如果補鈣單純靠吃，那麼我們只做到了一半。越來越多的人意識到補鈣的重要性，所以都會注意到攝取量，認為攝取足夠的鈣就補鈣成功了。很多人補鈣效果不好，問題就出在這裡。

不同補鈣方式的解析

補鈣方式	要點	解析
日常飲食	保障攝取量	成人的建議攝取量為每天800毫克，從正常膳食中攝取的鈣約為500毫克。其他部分根據個人情況，部分族群可能需要額外補充。需要注意的是，攝取的鈣過多，可能干擾鋅、鐵等微量元素的吸收，也可能導致罹患腎結石的危險性增加
	營養要吸收	維生素D與鈣關係密切，如果人體缺少維生素D，即使攝取了充足的鈣也無法吸收 以嬰兒為例，0~2周歲的嬰幼兒每天應補充400毫克維生素D，以保證鈣的吸收。母乳中的維生素D含量較低、嬰兒日光照射時間過短，並不能滿足需求，還容易導致維生素D缺乏性佝僂病，症狀為煩躁、多汗、易驚，甚至骨骼發育異常。而很多家長意識不到這點，單純補鈣而不補維生素D，導致補鈣效果不好
鈣保健食品	謹遵醫囑	以鈣片為例，服用鈣營養品是在飲食無法達到正常標準後的被動選擇，而不是為了方便 身體在不缺鈣的情況下，多補鈣反而有害，比如鈣質沉積、消化不良、高尿鈣症、泌尿道結石等 胃酸分泌不足、嬰幼兒、孕婦、產婦、腎功能不全等族群，一定要根據醫囑決定是否服用、選擇何種類型的鈣營養品，並注意用量及服用療程
曬太陽	促進維生素D生成	陽光中的紫外線能促進人體生成活性維生素D，促進腸道對鈣、磷的吸收，有防治骨質疏鬆的作用。所以，經常曬曬太陽有助於補鈣 需要注意的是，隔著玻璃曬太陽效果不理想，大多數的紫外線都會被玻璃阻隔。因此，想要曬太陽，最好是在室外
運動	提高骨密度等	運動有三個作用：促進骨骼發育、提高骨密度、有利於鈣的吸收，尤其是有氧運動

綜上所述，補鈣的同時，還要補充維生素D，促進鈣的吸收。補鈣的最佳方式就是結合飲食和運動。如果依然無法達到標準，就需要在醫生的建議下服用鈣營養品

綜合補鈣方案

方式	頻率	內容
飲食	每天	一般人應保持 500~800 克的蔬菜量，部分缺鈣族群和素食者需要額外補充乳製品，如每天 300~400 毫升的牛奶、優酪乳或豆漿
	經常	豆腐、羽衣甘藍、青花菜等食物含有很多鈣，而且是比較常見的食物，適合經常食用蛋黃、奶油、乳酪、堅果等含有維生素 D 食物，素食者可以自行選擇食用
	偶爾	營養餅乾和果汁等食物可以偶爾食用，建議部分素食者將營養餅乾作為零食，餓的時候吃一點，搭配牛奶還可以當作懶人早餐。強化牛奶、高鈣牛奶可以經常飲用，尤其適合素食者
	從不	脂肪、酒精、碳酸飲料攝取過多會影響鈣的吸收，應堅決捨棄。此外，尼古丁也會妨礙鈣的吸收，最好能做到少油、少酒、少碳酸飲料、戒煙
曬太陽	經常	避開過於悶熱的時段和刺眼的日照環境，在室外曬太陽 30 分鐘左右，注意不要讓陽光直射眼睛即可。嬰幼兒年紀較小，應選擇天氣晴朗、風較小的時候曬太陽，時間不宜過長，以 10~20 分鐘為宜
運動	每天	從事簡單的戶外活動，如散步、快走等，孕婦、產婦等特殊族群要根據個人情況遵循醫囑，在身體狀況較好時，以時間短、運動量小的散步為主
	經常	慢跑、跳舞、打網球等有氧運動相對簡單，建議每週最少做 2 次有氧運動
	偶爾	跳繩、爬樓梯、負重深蹲等負重運動，是強化骨骼的最佳運動方式，不經常鍛煉的人可以循序漸進，從 5 分鐘逐漸延長至 15 分鐘後，經過一段時間的平穩過渡，再延長至 30 分鐘

補維生素B₁₂：多吃發酵食物

人體對維生素B₁₂的需求量極少，普通飲食族群很容易在正常飲食中攝取。而素食者，尤其是長期吃素的素食者易缺少維生素B₁₂，其他類型的素食者適當補充即可，不必過於擔憂。

不同類型素食者維生素 B₁₂ 補充建議

類型	建議	方案
純素	選用維生素 B₁₂ 營養品	這類素食者食物選擇較為嚴格，極少獲得維生素 B₁₂，因此宜選用維生素 B₁₂ 營養品
蛋素	適當選用維生素 B₁₂ 營養品	僅靠蛋類食物獲取維生素 B₁₂ 遠遠不夠，適當選用維生素 B₁₂ 營養品才能彌補缺乏維生素 B₁₂ 的情況
奶素	每天 300~400 毫升牛奶或優酪乳	奶類及乳製品中維生素 B₁₂ 的吸收率高於蛋類及蛋製品，是合適的維生素 B₁₂ 來源
蛋奶素	正常飲食即可，如有缺乏症狀，可適當調整飲食	蛋類、奶類及蛋奶製品的攝取，會讓這一部分的素食者營養比較均衡，因此不用過於擔心

雖然大部分植物性食物中的維生素B₁₂含量少且利用率不高，但一些發酵食物能滿足素食者的需求，尤其是豆類發酵食物。在發酵過程中，微生物不但保留了食物中的一些活性成分，還能合成維生素B₁₂。酒釀、葡萄酒、納豆等都屬於發酵食物，尤其是葡萄酒，常喝還能養顏美容。

發酵食物及食譜推薦

食物	食譜推薦
豆豉	豉香春筍 豆豉蒸南瓜
腐乳	南乳捲 腐乳燒芋頭
豆瓣醬	椒香小炒 農家燒四寶
甜麵醬	如意捲
泡菜（辣白菜）	韓式泡菜

不同族群的素食方案

素食好處多多，整體來說，就是讓我們身心愉悅。生活中，很多族群都可以感受到素食的魅力。

肥胖

推薦富有飽足感很強而熱量低的食物，如玉米、燕麥、蒟蒻、番茄、雞蛋等。早餐可以考慮吃燕麥、雞蛋或全麥麵包，飽足感強，在午餐前不需要額外零食。午餐可以是正常食量或適當減少，不要有餓的感覺就好，以免晚上太餓，影響減肥計畫。晚餐可以不吃主食，只吃一些小菜，如涼拌蒟蒻、白糖番茄、水煮蛋等。

便秘

便秘的人選擇素食也有需要注意的地方，素食中豐富的膳食纖維雖然有利於腸道的排泄，但也需要充足的水分和油脂。所以，在飲食上，要攝取足夠的水、油脂以及膳食纖維。油脂是潤滑腸道的重要角色，便秘的人可以採取蒸煮或涼拌的方式，放一點橄欖油，這樣吃起來不會很油膩，對減肥也很有益。

糖尿病

實驗證實，素食對第2型糖尿病比第1型糖尿病的食療效果更好。但無論哪種類型，適當素食很有必要。

糖尿病患者要嚴格控制油脂和膽固醇的攝取，延緩糖尿病併發症的發展。食用油應以植物油為主，如大豆油、花生油、芝麻油、菜籽油等，含有多不飽和脂肪酸的油脂。雞蛋中雖然含有膽

固醇，但利大於弊，可以偶爾食用。

要注意膳食纖維和蛋白質的攝取。膳食纖維能夠降低空腹血糖、餐後血糖以及改善糖耐量，而適量的蛋白質可以使糖尿病患者的營養更均衡。所以，飲食上可以多吃蔬菜、豆類及豆製品。

高血壓

得了高血壓，就要少吃鹽。首先，清淡不等於無味。素食本色天然，味道是很清香的。高血壓患者除了要少鹽外，最好能戒煙戒酒，讓舌頭和鼻子恢復正常

的味覺和嗅覺，好好享受素食的滋味。其次，除了鹹味，素食食材有酸、甜、苦等不同的味道，用這些味道調和，就可以適當減輕鹹味。

高膽固醇

高膽固醇患者選擇素食固然不錯，但烹飪的時候還要注意少油。否則，即使是吃素，也攝取了大量油脂，對穩定膽固醇指數有害無益。

膳食纖維能降低血液中的膽固醇濃度，在蔬菜、穀物中的含量較高，如燕麥、玉米、芹菜等食物。卵磷脂具有增加高密度脂蛋白的作用，能預防或減輕動脈硬化，主要存在於蛋黃、豆類及豆製品中。不飽和脂肪酸可以調節膽固醇代謝，緩解脂質在肝臟和動脈壁的沉積，可以選擇堅果、亞麻籽油、核桃油等。植物固醇能降低人體對膽固醇的吸收，有很好的降脂效果，建議高膽固醇患者的食用油以玉米胚芽油為主。

痛風

豆漿、豆腐、豆乾等豆製品在製作過程中，普林含量會有所降低，平常可以吃一點，但在痛風發作的時候不能吃。

怎麼解決尿酸多的問題，是痛風患者飲食的關鍵。多喝水是肯定的，水也是營養素之一。正常人每天喝1000~1200毫升就夠了，而痛風患者最好能喝2000毫升，促進尿酸的排出。此外，高湯、味精、雞精、蘑菇精等提鮮的調味料的普林

含量也較高，一定要注意用量。

骨質疏鬆

豆漿、豆腐、豆乾等豆製品最好能多吃，搭配富含維生素D的蛋黃、堅果等食物，補鈣效果較好。

人體內的鈣質在30歲左右時達到頂峰，隨後就會慢慢下降。因此，最好在中年時就要注意預防老年骨質疏鬆症。容易骨質疏鬆的老年人不太適合劇烈的有氧運動，可以嘗試太極、八段錦等方式，既能鍛煉身體，又能愉悅心情。飲食上，根據個人情況飲用牛奶、優酪乳或豆漿，但要少喝濃茶、咖啡等，以免鈣質流失。

第二章
豆類及豆製品

　　黃豆、黑豆、綠豆、紅豆等豆類食物屬於粗糧，不僅營養豐富，還各具特色。黃豆更是其中佼佼者，能變身為豆皮、豆乾、豆腐、油豆腐、腐竹等多種豆製品，輕鬆搭配出很多美味料理，讓素食餐不再單調。

素乾鍋

香乾

香乾是豆腐的再加工製品，硬中帶韌，鹹香爽口。香乾在製作過程中會添加鹽、茴香、花椒、八角、乾薑等調味料，可製作多種菜餚，可冷拌、熱炒、油炸、烤製。香乾中含有豐富蛋白質，而且豆腐蛋白屬於完全蛋白，不僅含有人體必需的8種氨基酸，其比例也接近人體需要，營養價值較高。

材料 / Material Science
腐竹、香乾、秀珍菇各50克，乾黑木耳、乾金針花各1小把，花生適量。

調味料 / Flavoring
生抽、老抽各1匙，米酒1小匙，薑片、八角、冰糖、香油、油、鹽各適量。

製作步驟：

第1步：乾黑木耳用水浸泡2小時，撕成小朵。乾金針花用水浸泡4小時，切段。腐竹用水浸泡2小時，瀝乾水分，切段。

第2步：秀珍菇洗淨用手撕成長條，擠乾水分。香乾洗淨，切成長條。

第3步：將花生放入鍋中，倒入適量水，中火煮熟，瀝乾水分。

第4步：油鍋燒熱，放入薑片、八角爆香，然後放入腐竹段、香乾條、秀珍菇條，不停翻炒。

第5步：倒入生抽、老抽、料酒、冰糖，攪拌均勻後放入黑木耳、花生、金針花段。

第6步：加蓋，小火燜5分鐘左右，大火收汁，放入香油、鹽調味即可。

這樣做更有味 Tips

素乾鍋在製作中容易燒焦，可以適當倒入一些熱水，最後大火收汁，讓香味完全滲透到食物中。花生很容易熟，所以要稍晚一點再放。

每 100 克香乾所含的營養成分

營養成分	含量
脂肪	3.6 克
碳水化合物	11.5 克
蛋白質	16.2 毫克
鈣	308 毫克
鐵	4.9 毫克
葉酸	9.1 微克

湯汁完全滲透到食物中，
每一口都鮮美無比。

毛豆、青椒、白木耳、綠豆芽都含有大量維生素 C，
有助於養顏美容，清清爽爽的口感，是夏季飲食的首選。

鹽水毛豆

材料 / Material Science
毛豆500克。

調味料 / Flavoring
八角、薑片、鹽各適量。

製作步驟

1　毛豆用適量鹽醃10分鐘，再搓洗乾淨。
2　將毛豆、八角、薑片放入鍋中，加適量
　　水用大火熬煮。
3　煮滾2分鐘後關火，放入適量鹽，放涼
　　即可。

銀耳拌豆芽

材料 / Material Science
綠豆芽200克，白木耳、青椒各50克。

調味料 / Flavoring
香油、鹽各適量。

製作步驟

1　白木耳用水泡發，青椒切絲。
2　鍋中加水煮滾，將綠豆芽和青椒絲燙
　　熟，撈出放涼。
3　白木耳放入開水中燙熟，撈出過冷水，
　　瀝乾後撕成小朵。
4　將綠豆芽、青椒絲、白木耳放入盤中，
　　放入香油、鹽，攪拌均勻即可。

初夏時節，毛豆口感
最嫩。用鹽水煮毛豆
時最好是大火快煮。

香椿在 4 月時上市，千萬不能錯過，中間的嫩芽是最美味的。

芹菜拌腐竹，麻辣鮮香而不失清爽，十分開胃。

香椿芽拌豆腐

材料 / Material Science

香椿芽200克，豆腐100克。

調味料 / Flavoring

香油、鹽各適量。

製作步驟

1 香椿芽用開水汆燙2分鐘左右，切成細末。

2 豆腐用水沖洗一下，切成小丁。

3 鍋中放入適量水，大火煮滾，放入豆腐丁，汆燙至熟。

4 撈出豆腐丁，放涼，放入容器中。

5 放入香椿芽末、香油、鹽，攪拌均勻即可。

芹菜拌腐竹

材料 / Material Science

芹菜100克，腐竹適量。

調味料 / Flavoring

生抽、辣椒油、花椒油、鹽各適量。

製作步驟

1 腐竹用溫水浸泡2小時左右，泡至發軟。

2 將腐竹放入滾水中汆燙，撈出過冷水，瀝乾水分，切段。

3 芹菜切段，放入滾水中汆燙，過冷水後擺盤，然後均勻擺上腐竹段。

4 將生抽、辣椒油、花椒油、鹽調成醬汁，淋在腐竹段上即可。

最好選用西芹，吃起來汁水豐富，質地脆嫩。

黑豆是養腎活血的佳品，很多人都喜歡吃。浸泡黑豆的時候，最好能泡久一點，泡發得越好，越容易被腸胃消化和吸收。

清炒蠶豆

材料 / Material Science
蠶豆300克，紅椒1個。

調味料 / Flavoring
蔥末、油、鹽各適量。

製作步驟

1 紅椒洗淨，切塊備用。
2 油鍋燒至八分熱時，放入蔥末爆香。
3 放入蠶豆，大火翻炒後，倒入適量水，水量淹至蠶豆即可。
4 燜煮至蠶豆表皮裂開後，放入紅椒塊翻炒片刻，加鹽調味即可。

黑豆糯米粥

材料 / Material Science
黑豆50克，糯米70克。

調味料 / Flavoring
白糖適量。

製作步驟

1 黑豆用水浸泡6小時，糯米用水浸泡2小時。
2 將黑豆、糯米放入鍋中，倒入適量水，大火煮滾。
3 轉小火再煮30分鐘，撒上白糖，攪拌均勻即可食用。

不用急於放鹽，只有在蠶豆表皮裂開之後，蠶豆才容易入味。

3月份是薺菜最鮮嫩的時候，除去老根之後，汆燙一下，
不用太多的調味料就很美味。

香乾拌薺菜

材料 / Material Science
香乾200克，薺菜300克。

調味料 / Flavoring
香油、 各適量。

製作步驟

1 香乾用開水汆燙，放涼後切丁。
2 薺菜除去老根，用開水汆燙，撈出瀝
  乾，切成碎末。
3 將香乾丁、薺菜末一同放入容器中，加
  香油、鹽攪拌均勻即可。

山藥扁豆糕

材料 / Material Science
山藥250克，扁豆50克，陳皮適量。

調味料 / Flavoring
澱粉適量。

製作步驟

1 山藥去皮，切成薄片。陳皮切絲，備
  用。
2 將山藥片、扁豆分別煮熟，放涼後碾成
  泥狀，備用。
3 將山藥泥、扁豆泥、澱粉和水攪拌成糊
  狀，放入碗中，然後均勻撒入陳皮絲。
4 大火蒸15分鐘後取出，放涼至山藥扁豆
  糕微溫，切塊即可。

鐵棍山藥口感比較好，而且
很黏，容易塑型。

滷豆皮結

豆皮

豆皮營養豐富,蛋白質、氨基酸含量高,據現代科學測定,還有鐵、鈣、鉬等人體所必需的18種微量元素。兒童食用能提高免疫力,促進身體和智力的發展;老年人長期食用可延年益壽;孕婦於產後期間食用,特別能快速恢復元氣,又能補充體力。

這樣做更有味 `Tips`

豆皮容易斷,折疊的時候要小心。豆皮結比較容易入味,燜煮20分鐘就夠了,剩下的湯汁可以放涼後冷藏起來,下次接著用,更容易入味。

材料 / Material Science

豆皮4張。

調味料 / Flavoring

生抽1大匙,老抽、料理酒各1匙,冰糖、花椒粒各1小把,乾辣椒3個,八角3個,桂皮1段,月桂葉2片,蔥段、薑片、蒜片、白果、油、鹽各適量。

製作步驟:

第1步:順著豆皮較長的部分切成6公分寬的長條。

第2步:將豆皮條從中間折疊2次,捏住一端,隔6公分左右打一次結,然後用刀切斷,豆皮結就做好了。

第3步:按照上面的做法做完百頁結,然後沖洗一下,瀝乾水分。

第4步:油鍋燒熱,將豆皮結小火煎至兩面淺黃。

第5步:另起鍋,將乾辣椒、八角、桂皮、花椒粒、月桂葉、薑片、白果放入鍋中,大火煮滾。

第6步:轉小火,放入豆皮結、蔥段、蒜片、冰糖、生抽、老抽、料理酒,攪拌均勻。加蓋,燜煮20分鐘即可。

每 100 克豆腐皮所含的營養成分

營養成分	含量
脂肪	17.4 克
碳水化合物	18.8 克
蛋白質	44.6 克
鈣	116 毫克
鐵	13.9 毫克
維生素 E	20.63 毫克

滷豆皮結香味濃郁，
入口很有嚼勁。

豆腐中含有豐富鈣質，可以和牛奶媲美，是素食者補充鈣質的主要來源之一。
蒸熟的豆腐很有飽足感。如果家裡有素高湯的話，加入烹調更加美味。

宮保豆腐

材料 / Material Science
豆腐1塊，黃瓜、紅蘿蔔、冬筍各1/2根，
熟花生1小把。

調味料 / Flavoring
豆瓣醬、乾辣椒、蔥段、蒜片、花椒粒、
生抽、白糖、芡水、香油、油、鹽各
適量。

製作步驟

1 豆腐、冬筍切塊，黃瓜、紅蘿蔔切丁。
2 花椒粒、生抽攪拌均勻。油鍋燒熱，放
　入豆腐丁，煎至顏色淺黃，撈出。
3 鍋中放入豆瓣醬、蔥段、蒜片、乾辣椒
　翻炒。放入紅蘿蔔丁翻炒再放入豆腐
　丁、黃瓜丁，淋入醬汁，加熟花生、冬
　筍塊，加芡水、白糖、香油和鹽調味。

香菇釀豆腐

材料 / Material Science
豆腐300克，香菇5朵，榨菜適量。

調味料 / Flavoring
醬油、白糖、香油各1匙，芡水、油、鹽
各適量。

製作步驟

1 豆腐洗淨，切成小塊，中心挖空。
2 香菇、榨菜剁碎，用油、鹽、芡水攪拌
　均勻，調入少許白糖攪勻，當作餡料。
3 將餡料釀入豆腐中心，擺在盤子上蒸
　熟，淋上香油、醬油即可。

豆腐加鹽醃幾分鐘可
以去除豆腥味。

番茄加熱之後，口感酸酸甜甜，搭配豆腐食用，別有一番風味。
而且番茄富含胡蘿蔔素，加熱後更容易吸收，具有很好的抗衰老效果。

香菜拌黃豆

材料 / Material Science
香菜200克，黃豆50克。

調味料 / Flavoring
花椒粒、薑片、香油、鹽各適量。

製作步驟

1 黃豆用水浸泡6小時以上，備用。
2 將泡好的黃豆和花椒粒、薑片、鹽放入鍋中，加適量水，中火煮熟，放涼。
3 香菜切段，拌入黃豆中，加香油調味即可。

番茄燉豆腐

材料 / Material Science
番茄2個，豆腐1塊。

調味料 / Flavoring
蔥末、油、鹽各適量。

製作步驟

1 番茄洗淨切塊，備用。
2 豆腐沖洗乾淨，切片。
3 油鍋燒熱，放入番茄塊，煸炒至呈湯汁狀。
4 放入豆腐片，加適量水，大火煮滾後轉小火再煮10分鐘。
5 大火收汁，加蔥末、鹽調味即可。

酸酸甜甜的味道最能
勾起食欲。

如意捲口感略鹹，加些蔥調味，非常鮮美。
還可以放些彩椒絲，味道清甜，顏色也更加誘人。

如意捲

材料 / Material Science
豆皮2張，香菜、蔥各1小把。

調味料 / Flavoring
甜麵醬適量。

製作步驟

1 將豆皮切成4個大小一致的長方形，放入滾水中汆燙30秒左右。
2 將豆皮撈出放涼，攤在砧板上。
3 將蔥和香菜切成比豆皮略短的段，放在豆皮上，輕輕捲起，斜刀切段，擺入盤中，淋上甜麵醬即可。

紅蘿蔔熗拌豆芽

材料 / Material Science
紅蘿蔔1根，綠豆芽200克，香菜適量。

調味料 / Flavoring
花椒粒、乾辣椒碎、香油、油、鹽各適量。

製作步驟

1 紅蘿蔔去皮，切成細絲，和綠豆芽一起放入滾水中燙熟，過冷水，瀝乾水分後放在碗中。
2 將香油、鹽調成醬汁，淋在紅蘿蔔絲、綠豆芽上。
3 油鍋燒熱，放入花椒粒，小火炸香，製成花椒油和乾辣椒碎攪拌均勻，然後淋在紅蘿蔔和豆芽上。將所有材料攪拌均勻後，香菜切成小段，撒上即可。

淋上甜麵醬的如意捲味道鹹香，造型更漂亮。

秋葵和香乾都比較容易熟，只要大火快炒就可以了，不需要加水。

不過，秋葵最好先燙一下，不然會有苦澀的味道。

秋葵炒香乾

材料 / Material Science

秋葵6根，香乾4片。

調味料 / Flavoring

白醋1小匙，蒜末、油、鹽各適量。

製作步驟

1　秋葵洗淨，切成小段，放入滾水中余燙2分鐘，撈出瀝乾。
2　香乾切條，放入開水中余燙片刻，撈出瀝乾。
3　油鍋燒熱，放入蒜末爆香。
4　放入秋葵段和豆干，翻炒幾下後，淋入白醋、鹽，再炒2分鐘即可。

熗拌黑豆苗

材料 / Material Science

黑豆苗200克。

調味料 / Flavoring

醋、花椒粒、乾辣椒碎各1小匙，蔥末、蒜末、油、鹽各適量。

製作步驟

1　將黑豆苗放入滾水中燙熟，撈出瀝乾，備用。
2　油鍋燒熱，放入蒜末爆香，然後放入乾辣椒碎、花椒粒，製成花椒油。
3　將花椒油淋在黑豆苗上，加蔥末、醋、鹽攪拌均勻即可。

黑豆苗口感很清爽，如果沒有黑豆苗也可以用豌豆苗代替，味道同樣爽口。

第三章
菌類、藻類

　　山珍海味裡也有素食。菌類食物是我們餐桌上最常見的「山珍」，而藻類食物是最樸實的「海味」。用這些食物做成的素食，傳遞著森林與海洋的氣息，味道非常鮮美，讓人們感恩大自然的饋贈。

四色什錦

金針菇

金針菇氨基酸的含量非常豐富，高於一般菇類，尤其是離胺酸的含量特別高，離胺酸具有促進兒童智力發育的功能。乾金針菇中含蛋白質8.87%，碳水化合物60.2%，粗纖維達7.4%，經常食用可防治潰瘍病。而且金針菇含有某種抗癌作用佳的物質，既是美味食物，又是很好的保健食材。

材料 / Material Science

紅蘿蔔、金針菇各100克，黑木耳、蒜薹各30克。

調味料 / Flavoring

蔥末、薑末、白糖、醋、香油、油、鹽各適量。

製作步驟：

第1步：黑木耳用水浸泡4小時，撕成小朵。

第2步：金針菇去掉根部，用開水汆燙，瀝乾。

第3步：紅蘿蔔切絲，蒜薹切段，備用。

第4步：油鍋燒熱，放入蔥末、薑末炒香，然後放入紅蘿蔔絲翻炒片刻，放入黑木耳翻炒，加白糖、鹽調味。

第5步：放入金針菇、蒜薹，翻炒幾下，淋上醋、香油即可。

這樣做更有味： **Tips**

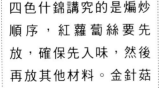

四色什錦講究的是煸炒順序，紅蘿蔔絲要先放，確保先入味，然後再放其他材料。金針菇和蒜薹容易熟，而且最後放不容易變色。

每 100 克金針菇所含的營養成分

營養成分	含量
脂肪	0.4 克
碳水化合物	6 克
蛋白質	2.4 克
膳食纖維	2.7 克
維生素 C	2 毫克
鋅	0.39 毫克

滑、嫩、鮮、香，
樣樣都不少。

由於杏鮑菇容易吸油，一開始就放油煸炒，很容易攝取過多油脂，所以建議乾鍋快炒。
同樣，軟炸鮮蘑是油炸的，所以吃起來有點膩，可以沾番茄醬吃，不但解膩還很開胃。

孜然杏鮑菇

材料 / Material Science
杏鮑菇400克。

調味料 / Flavoring
孜然1匙，油、鹽各適量。

製作步驟

1 杏鮑菇沖洗乾淨後，用廚房紙巾吸去表面水分。
2 杏鮑菇切片，放入鍋中乾煸，直至出水。
3 關火，將杏鮑菇片盛出，鍋子倒出水後，轉為大火。
4 倒入油，燒熱後放入杏鮑菇片、孜然翻炒。
5 炒出香味後，加鹽調味即可。

杏鮑菇肉質肥嫩，適合炒、
燒、燴、燉、做湯及火鍋用
料，也適合做西餐，口感都
非常好。

軟炸鮮蘑

材料 / Material Science
秀珍菇300克，雞蛋1顆。

調味料 / Flavoring
孜然1匙，麵粉、澱粉、油、鹽各適量。

製作步驟

1 秀珍菇用水浸泡20分鐘左右，撕成小條。
2 將秀珍菇條放入滾水中，汆燙2分鐘後，撈出過冷水。
3 將雞蛋打散，放入鹽、麵粉、澱粉、孜然攪拌成糊狀。
4 用手擠去秀珍菇條的水分，然後均勻裹滿蛋糊。
5 油鍋燒熱，將秀珍菇條放入鍋中，小火煎至顏色淺黃即可。

花椰菜比較嫩，所以要用小火慢慢燉煮，出鍋前可以放些白糖，讓花椰菜的甜味和香菇的醇厚融合在一起，雖然是素食，但味道還是可圈可點，完全可以當主食。

香菇炒花椰菜

材料 / Material Science
花椰菜250克，香菇6朵。

調味料 / Flavoring
蔥絲、薑絲、澱粉、油、鹽各適量。

製作步驟

1 花椰菜剝成小朵，用熱水燙一下，撈出。
2 香菇用溫水泡發，去蒂，切成小塊。
3 油鍋燒熱，放入蔥絲、薑絲炒香。
4 入適量水，加鹽調味，煮滾後放入香菇塊和花椰菜。
5 小火煮10分鐘後，用澱粉勾芡即可。

剁椒金針菇

材料 / Material Science
金針菇100克，冬粉1小把，剁椒適量。

調味料 / Flavoring
花椒粒、乾辣椒碎、蔥末、薑絲、蒜末、香油、油、鹽各適量。

製作步驟

1 冬粉用溫水浸泡15分鐘，撈出擺盤。
2 金針菇除去根部，備用。
3 鍋中放入適量水，大火煮滾後，放入金針菇，燙1分鐘左右，撈出瀝水，擺在冬粉上。
4 在金針菇的中間淋上剁椒，然後均勻撒上蔥末、薑絲、蒜末、鹽，淋入香油。
5 鍋中放入適量油，然後放入花椒粒、乾辣椒碎，小火炒香後，淋入盤中即可。

剁椒有很多鹽分，要注意鹽的用量。

這些蘑菇本身就很鮮甜，所以不用加太多調味料，很輕鬆就能做出一
道道美味料理，無論是素炒還是煮粥都會香味四溢。

蘑菇小米粥

材料 / Material Science
蘑菇50克，小米、蓬萊米各60克。

調味料 / Flavoring
蔥末、鹽各適量。

製作步驟

1 小米用水浸泡4小時，蓬萊米用水浸泡
　30分鐘。
2 蘑菇切片，備用。
3 鍋中放入小米、蓬萊米和適量水，大火
　煮滾後，轉小火再煮30分鐘。
4 放入蘑菇片，煮10分鐘後，放入蔥末、
　鹽，攪拌均勻即可。

素炒鴻喜菇

材料 / Material Science
鴻喜菇300克，紅蘿蔔1根，尖椒2個。

調味料 / Flavoring
生抽1匙，油、鹽各適量。

製作步驟

1 尖椒切絲，備用。
2 紅蘿蔔切絲，放入滾水中燙2分鐘，撈
　出過冷水。
3 油鍋燒熱，放入鴻喜菇，翻炒至鴻喜菇
　變軟。
4 放入紅蘿蔔絲、青椒絲，起鍋前加生
　抽、鹽調味即可。

還可以放香菇碎，
做成香氣四溢的蘑
菇粥。

杏鮑菇肉質豐富，有獨特的杏仁香味，適合炒、燒、燴、燉，
即使做涼菜，口感都非常好。

清蒸白靈菇

材料 / Material Science
白靈菇300克，花椰菜100克。

調味料 / Flavoring
白糖、白胡椒粉各1小匙，芡水、香油、
油、鹽各適量。

製作步驟

1 花椰菜剝成小朵，鍋中放水煮滾後，將
　花椰菜放入汆燙，撈出。
2 鍋中放水煮滾後，放入白糖、白胡椒
　粉、鹽，再次煮滾。白靈菇切片，和花
　椰菜一起放入鍋中，煮2分鐘後撈出。
4 將白靈菇片均勻擺在盤中，放上花椰
　菜。將鍋中的湯汁淋入盤中，大火蒸10
　分鐘。油鍋燒熱，放入芡水、香油，攪
　拌均勻，調成醬汁，淋在盤中即可。

雙椒杏鮑菇

材料 / Material Science
杏鮑菇200克，青椒、紅椒各1個。

調味料 / Flavoring
蒜末、生抽、香油、米醋、鹽各適量。

製作步驟

1 杏鮑菇放入鍋中，大火蒸5分鐘左右，
　取出放涼。
2 將青椒、紅椒切成碎末，和生抽、米
　醋、香油、蒜末、鹽調成醬汁。
3 將放涼的杏鮑菇切成小條，均勻擺入盤
　中，淋上醬汁即可。

較小型的杏鮑菇口感比較緊
致，適合上鍋蒸。

乾鍋茶樹菇

茶樹菇

茶樹菇含有人體所需的18種氨基酸，特別是含有人體不能合成的8種氨基酸、葡聚糖、菌蛋白、碳水化合物等營養成分。還有豐富的維生素B群和多種礦物質。中醫認為茶樹菇具有補腎、利尿、治腰酸痛、滲濕、健脾、止瀉等功效，是高血壓、心血管和肥胖症患者的理想食物。茶樹菇味道鮮美，脆嫩可口，又具有較好的保健作用，是美味珍稀的食用菌之一。

這樣做更有味

這道菜放了紅尖椒和乾辣椒，還採取爆炒的方式，很容易上火。這時候要搭配一些去火的食物，如黃瓜、冬瓜、綠豆等。

材料 / Material Science

茶樹菇300克，洋蔥1/2個，紅尖椒1個。

調味料 / Flavoring

乾辣椒2個，大蔥1/2根，生抽、老抽各1匙，薑片、蒜片、冰糖、米酒、油、鹽各適量。

製作步驟：

第1步：茶樹菇用溫水浸泡20分鐘，撈出瀝乾。

第2步：紅尖椒、洋蔥切絲，大蔥斜刀切段。

第3步：油鍋燒熱，放入紅尖椒絲、洋蔥絲，翻炒幾下後，盛出。

第4步：鍋中放入乾辣椒、大蔥段、薑片、蒜片，中火翻炒出香味。

第5步：轉大火，放入茶樹菇，倒入生抽、老抽、料酒、冰糖翻炒均勻。

第6步：倒入紅尖椒絲、洋蔥絲，調入鹽，加蓋，轉小火燜5分鐘即可。

每 100 克茶樹菇 (乾) 所含的營養成分

營養成分	含量
脂肪	2.6 克
碳水化合物	56.1 克
蛋白質	23.1 克
膳食纖維	15.4 克
鈣	26.2 毫克
鐵	42.3 毫克

一碗夠味的乾鍋茶樹菇，
能帶來一整天的好心情！

做香菇油菜的時候，可以多燉一下，讓香菇的味道完全滲透到油菜中。
泡香菇的水味道很鮮，可以用來燉湯，非常好喝。

茶樹菇燒豆腐

材料 / Material Science
豆腐1塊，茶樹菇100克，蘑菇50克，青椒、紅椒各1個。

調味料 / Flavoring
素蠔油1匙，薑片、油、鹽各適量。

製作步驟

1 茶樹菇用溫水浸泡20分鐘，撈出瀝乾。豆腐切成小片。蘑菇切片，青椒、紅椒切成塊。
2 油鍋燒熱，放入薑片爆香，放入豆腐片，小火煎至兩面淺黃，撈出。
3 放入茶樹菇、蘑菇片，炒出香味後，再次放入豆腐片翻炒。
4 倒入素蠔油及水，小火燉煮5分鐘。放入青椒、紅椒、鹽，大火收汁即可。

香菇油菜

材料 / Material Science
香菇6朵，油菜250克。

調味料 / Flavoring
油、鹽各適量。

製作步驟

1 油菜切段，梗、葉分別放置。
2 香菇用溫開水泡開，去蒂。
3 油鍋燒熱，放入油菜梗，燒至六分熟時加鹽調味，加入油菜葉拌炒。
4 放入香菇和泡香菇的溫開水，燒至油菜梗軟爛即可。

茶樹菇燒豆腐是一道
非常開胃的小菜。

芝麻醬不容易攪拌均勻，可以加冰水調和一下，
或者可以加入香油。

金針菇拌黃瓜

材料 / Material Science
金針菇250克，黃瓜1根。

調味料 / Flavoring
芝麻醬2匙，生抽、陳醋、香油、鹽各適量。

製作步驟

1 金針菇放入滾水中，汆燙1分鐘，撈出過冷水。
2 黃瓜切絲，備用。
3 將芝麻醬放入小碗中，和香油、生抽、陳醋、鹽攪拌均勻，調成醬汁。
4 將金針菇放入盤中，均勻撒上黃瓜絲，淋入醬汁即可。

香菇蘆筍

材料 / Material Science
蘆筍4根，香菇6朵。

調味料 / Flavoring
蒜片、乾辣椒碎、生抽、油、鹽各適量。

製作步驟

1 香菇用溫水浸泡20分鐘，撈出切片。
2 蘆筍用鹽水浸泡10分鐘，切段。
3 鍋中水大火煮滾，放入適量油、鹽，然後放入蘆筍段，汆燙30秒後，撈出過冷水。
4 油鍋燒熱，放入蒜片、乾辣椒碎爆香，然後放入香菇片、蘆筍段翻炒，淋入生抽，翻炒均勻後加鹽調味即可。

筍尖是蘆筍營養最豐富的部分，用鹽水泡一下就能殺菌，食用也更安全。

海帶芽本身就有鹹味，所以一定要少放鹽，加白芝麻可以讓菜的口感更豐富。
配著清粥吃，味道剛剛好。

鴻喜菇釀豆腐

材料 / Material Science
鴻喜菇200克，豆包30個，雞蛋1顆。

調味料 / Flavoring
大蔥1/2根，八角2個，月桂葉2片，桂皮1
段，蒜末、澱粉、鹽各適量。

製作步驟

1 鍋中放適量水，加八角、月桂葉、桂
　皮，小火熬煮。加鴻喜菇煮出香味。
2 取出八角、月桂葉、桂皮，湯汁倒入容
　器中，鴻喜菇撈出放涼。鴻喜菇、大蔥
　切碎，和蒜末、鹽放入較大的容器中。
3 雞蛋和澱粉攪拌成蛋糊，倒入鴻喜菇攪
　拌至出筋，製成餡料。豆包中間挖空塞
　入餡料入鍋。將湯汁沿鍋邊倒入，不淹
　過豆包，大火煮滾後小火燜10分鐘。

涼拌海帶芽

材料 / Material Science
海帶芽300克。

調味料 / Flavoring
白芝麻1小匙，蒜末、薑末、油、鹽各
適量。

製作步驟

1 海帶芽切成4公分左右的段，放入開水
　中汆燙，過冷水。
2 將海帶芽段放入容器中，然後放入蒜
　末、薑末。
3 冷鍋冷油，放入白芝麻，小火炒香，然
　後將熱油和白芝麻淋在海帶芽上，加入
　鹽攪拌均勻即可。

湯汁中可以淋入少許油，
燜煮的時候會更香。

海帶先洗後泡可以清除表面的雜質，泡海帶的水還能直接放入鍋中煮，能提鮮。
更重要的是，海帶中的甘露醇屬於水溶性物質，這樣做還不會造成營養流失。

蒜蓉海帶結

材料 / Material Science
海帶200克。

調味料 / Flavoring
香油1匙，蒜蓉、鹽各適量。

製作步驟

1 海帶沖洗幾次，用水浸泡2~4小時，備
　用。
2 將海帶和泡海帶的水一同放入鍋中，大
　火煮滾後，再煮2分鐘。
3 撈出海帶，過冷水後切成長段，打結，
　放入容器中。
4 將香油、蒜蓉、鹽調成醬汁，和海帶結
　攪拌均勻即可。

紫菜捲

材料 / Material Science
糯米100克，雞蛋1顆，海苔1張，黃瓜
適量。

調味料 / Flavoring
沙拉醬、米醋各適量。

製作步驟

1 糯米煮熟，倒入米醋，攪拌均勻，放
　涼。
2 黃瓜切長條，加米醋醃漬。
3 油鍋燒熱，倒入打散的雞蛋，煎攤成餅
　狀，切絲。
4 將糯米平鋪在海苔上，均勻擺上黃瓜
　條、蛋絲。
5 抹上沙拉醬，捲起，切成3公分的厚片
　即可。

如果怕海苔太脆容易
碎的話，可以在海苔
上抹一點香油。

海帶含鹽量比較高，經過長時間的熬煮，鹹味會慢慢滲透到粥中，加些冬瓜調和很不錯。而且，海帶和冬瓜都具有利水消腫的功效，搭配食用，效果更佳。

素拌三絲

材料 / Material Science
海帶50克，馬鈴薯200克，紅尖椒1個。

調味料 / Flavoring
蒜末、醬油、醋、辣椒油、鹽各適量。

製作步驟
1 海帶用水浸泡2小時。
2 海帶沖洗乾淨，切絲，放入滾水中汆燙2分鐘，撈出過冷水。
3 馬鈴薯去皮，和紅尖椒一同切成細絲，放入滾水中燙熟，撈出過冷水。
4 將蒜末、醬油、醋、辣椒油、鹽調成醬汁，和馬鈴薯絲、海帶絲、紅尖椒絲攪拌均勻即可。

海帶冬瓜粥

材料 / Material Science
海帶50克，冬瓜150克，蓬萊米100克。

調味料 / Flavoring
蔥末適量。

製作步驟
1 海帶用水浸泡2小時，切絲。
2 蓬萊米用水浸泡30分鐘，備用。
3 冬瓜去皮，去瓤，切成小塊。
4 鍋中放入蓬萊米和適量水，大火煮滾後加入冬瓜塊、海帶絲，改小火繼續熬煮。
5 待米爛粥稠時，撒上蔥末即可。

馬鈴薯絲要切得細一點，這樣做出來的馬鈴薯絲口感和海帶絲很融合。

陳皮味道苦中有甘，海帶鹹中有鮮，加一點白糖調味就能很好地調和。這道陳皮海帶粥具有補氣養血、清熱利水、安神健身的功效，適合身體虛弱的人補益身體。

陳皮海帶粥

材料 / Material Science
海帶、蓬萊米各50克，陳皮適量。

調味料 / Flavoring
白糖適量。

製作步驟

1 海帶用水浸泡2小時左右，切成絲。
2 蓬萊米放入鍋中，加適量水，大火煮滾。
3 陳皮切末，和海帶絲一同放入鍋中，不停地攪拌。
4 小火煮至粥熟，加白糖調味即可。

雙絲拌石花菜

材料 / Material Science
乾石花菜30克，黃瓜、紅蘿蔔各1/2根。

調味料 / Flavoring
香醋、生抽各1大匙，花椒油、香油各1小匙，蒜末、鹽各適量。

製作步驟

1 乾石花菜用溫水浸泡1小時，撈出瀝乾。
2 黃瓜、紅蘿蔔切絲，和石花菜一起放入大碗中。
3 將香醋、生抽、花椒油、香油、蒜末、鹽調成醬汁，和石花菜、黃瓜絲、紅蘿蔔絲攪拌均勻即可。

用溫水浸泡的石花菜口感較嫩，而用熱水浸泡很容易融化。

珍味雞腿菇

雞腿菇

雞腿菇含有豐富的蛋白質、碳水化合物、多種維生素礦物質，有提高人體免疫力、安神鎮定、促進排毒及輔助治療糖尿病的作用。雞腿菇的口感滑嫩、清香味美，炒食、燉食、煲湯均久煮不爛，是素食菜單上必不可少的食材。

材料 / Material Science

雞腿菇300克，香菜適量。

調味料 / Flavoring

生抽、料酒、香油、麵粉各1大匙，白糖2匙，薑片、蒜片、油、鹽各適量。

製作步驟：

第1步：雞腿菇用手撕成條，並裹上麵粉，放置2分鐘。

第2步：油鍋燒至六分熱時放入雞腿菇條，炸至表面淺黃，撈出瀝油。

第3步：另起鍋，放入香油、薑片，小火煸炒至微焦，然後放入蒜片爆香，放入炸好的雞腿菇。

第4步：倒入生抽、米酒、白糖、鹽和1小碗水，翻炒均勻。

第5步：加蓋，燜1分鐘後大火收汁。

第6步：香菜切段，放入鍋中翻炒均勻即可。

這樣做更有味 Tips

煸炒薑片的時候一定要用小火，一是因為香油容易焦，二是因為薑片要小火煸炒才能煸出香味。生抽、米酒、香油的比例很重要，做菜的時候儘量保持用量一致，這樣做出來的珍味雞腿菇才道地。

每 100 克雞腿菇（乾）所含的營養成分

營養成分	含量
脂肪	2 克
碳水化合物	33 克
蛋白質	26.7 克
膳食纖維	18.8 克
鈣	112 毫克
鐵	32.5 毫克

外表微焦、內在緊致，
珍味雞腿菇就這樣喚醒你的味蕾。

第四章
蛋、奶及蛋奶製品

　　一顆蛋能玩出多少花樣？一杯牛奶可以做出怎樣的美味？一瓶優酪乳、一片乳酪又能帶給我們多少驚喜？無論是半素食，還是蛋素、奶素、蛋奶素的素食者們，都能盡情享受生活的美好。

什蔬蒸蛋

蛋

雞蛋中的蛋白質主要為卵白蛋白和卵球蛋白，其中含有人體必需的8種氨基酸，並與人體蛋白的組成極為相似，人體對雞蛋蛋白質的吸收率可高達98%。蛋黃中含有豐富的卵磷脂、固醇類、蛋黃素以及鈣、磷、鐵、維生素A、維生素D及維生素B群。這些成分對增進神經系統的功能大有裨益。

材料 / Material Science

雞蛋4顆，紅蘿蔔1/3根，玉米粒、豌豆各1小把，香菇適量。

調味料 / Flavoring

油、鹽各適量。

製作步驟：

第1步：鍋中放入適量水，大火煮滾後，放入適量油、鹽。

第2步：香菇、紅蘿蔔切末，和玉米粒、豌豆一起放入鍋中，煮熟後撈出瀝乾。

第3步：雞蛋加鹽打散，倒入適量溫水，比例約為1:2，繼續攪拌均勻。

第4步：將蛋液過濾，緩緩倒入容器中，蓋上保鮮膜。

第5步：另起鍋，倒入適量水，大火煮滾後，轉為中火。

第6步：將裝有蛋液的容器放入鍋中，加蓋，蒸8分鐘左右。

第7步：開蓋，將香菇末、紅蘿蔔末、玉米粒、豌豆均勻撒在凝固的蛋液上，加蓋再蒸3分鐘左右即可。

這樣做更有味　Tips

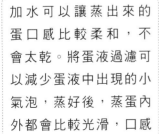

加水可以讓蒸出來的蛋口感比較柔和，不會太乾。將蛋液過濾可以減少蛋液中出現的小氣泡，蒸好後，蒸蛋內外都會比較光滑，口感滑嫩。

每 100 克雞蛋所含的營養成分

營養成分	含量
脂肪	9.51 克
碳水化合物	0.72 克
蛋白質	12.56 克
膽固醇	372 毫克
鈣	56 毫克
鐵	1.75 毫克

輕咬一口，
蛋羹滑滑的，蔬菜嫩嫩的。

櫛瓜含水量高，熱量低，特別適合減肥的人食用。做櫛瓜餅的時候不要心急，
火不要太大，櫛瓜餅定型後就要翻面，不要煎焦了。

香煎吐司

材料 / Material Science
雞蛋2顆，吐司4片。

調味料 / Flavoring
油、鹽各適量。

製作步驟

1 根據自身喜好，將吐司切成各種形狀。
2 雞蛋打入碗中，加少量鹽打散，備用。
3 油鍋燒熱，將切好的吐司放入蛋液中，使吐司兩面都裹滿蛋液。
4 將裹滿蛋液的吐司片放入鍋中，小火煎至顏色淺黃。翻面，將另一面也煎至淺黃即可。

櫛瓜餅

材料 / Material Science
雞蛋2顆，櫛瓜250克，麵粉150克。

調味料 / Flavoring
油、鹽各適量。

製作步驟

1 雞蛋打散，加鹽調味。
2 櫛瓜去皮切絲，放入蛋液中，攪拌均勻。
3 如果麵糊太稀就加適量麵粉，太稠就加蛋液。
4 油鍋燒熱，倒入麵糊，煎至兩面淺黃即可。

還可以在表面淋上果醬、番茄醬、起司醬，讓味道更濃郁。

茴香常和雞蛋搭配食用，不管是做成蛋餅或餡料，味道都很香。
做茴香烘蛋的時候，可以加些澱粉，讓蛋液更黏稠，方便塑型。

茴香烘蛋

材料 / Material Science
茴香300克、雞蛋2顆

調味料 / Flavoring
生抽1小匙，白糖、油、鹽各適量。

製作步驟

1 茴香切碎，放入碗中。
2 打入雞蛋，加生抽、白糖、鹽和適量油攪拌均勻。
3 將攪拌均勻的茴香蛋液倒入平底鍋中，小火烘至兩面淺黃。
4 盛出裝盤，切成小塊即可。

番茄炒蛋

材料 / Material Science
雞蛋3顆，番茄2個。

調味料 / Flavoring
白糖、鹽各1/4小匙，油、鹽各適量。

製作步驟

1 番茄切成小塊，雞蛋加適量鹽打散，備用。
2 油鍋燒熱後，轉成中火，淋入蛋液，均勻鋪滿鍋底，待蛋液稍稍凝固後，快速炒散，盛入盤中，備用。
3 放入番茄塊，大火快速煸炒，直至出汁。
4 放入白糖，翻炒幾下後，放入炒好的雞蛋、鹽，翻炒均勻後即可。

番茄用熱水燙一下，能很快去皮，炒後口感會很好。

鵪鶉蛋較小，入味快，浸泡 1 小時後可以嚐嚐味道。

蠶豆炒雞蛋

材料 / Material Science
雞蛋2顆，蠶豆150克。

調味料 / Flavoring
白糖1匙，蔥末、蒜末、油、鹽各適量。

製作步驟
1 蠶豆剝成兩半。雞蛋打入碗中，加適量鹽打散。
2 油鍋燒熱，倒入蛋液，不停翻炒，凝固成塊後裝盤。
3 鍋中再次倒油，放入蒜末、蠶豆翻炒。加適量水，放入白糖，燜3分鐘。
4 待水分收乾後，放入炒好的雞蛋，加適量蔥末、鹽調味即可。

滷鵪鶉蛋

材料 / Material Science
鵪鶉蛋20顆。

調味料 / Flavoring
八角2個，月桂葉2片，花椒粒、桂皮、薑片、老抽、鹽各適量。

製作步驟
1 鍋中加適量水，倒入所有調味料，大火煮滾，製成滷汁。
2 油放入鵪鶉蛋，中火煮5分鐘左右，煮至鵪鶉蛋熟透。
3 撈出鵪鶉蛋，用湯匙輕輕敲打蛋殼，不要敲得太碎；將鵪鶉蛋放入容器中，倒入滷汁，靜置2小時即可。

蠶豆含有豐富的鎂，但有些苦澀，加白糖可以減輕苦味。

中醫認為，夏天要吃「苦」，可以消暑熱、降火氣。腸胃不好的人生吃苦瓜會傷脾胃。苦瓜和雞蛋搭配，苦瓜中豐富的維生素 C，正好彌補了雞蛋缺乏的維生素 C，讓營養更全面。

苦瓜煎蛋

材料 / Material Science
苦瓜150克，雞蛋2顆。

調味料 / Flavoring
蒜蓉、油、鹽各適量。

製作步驟

1 苦瓜切末，用鹽水燙一下，變色後撈出瀝乾。
2 雞蛋加鹽打散，放入苦瓜末、蒜蓉，攪拌均勻。
3 油鍋燒熱，倒入苦瓜蛋液，小火煎至兩面淺黃。
4 關火，用鍋鏟切成小塊即可。

素炒木樨

材料 / Material Science
黑木耳、乾金針花各30克，雞蛋、鵝蛋各1顆。

調味料 / Flavoring
生抽1匙，香醋、油、鹽各適量。

製作步驟

1 黑木耳、乾金針花分別用水泡2小時。雞蛋和鵝蛋一起打散，加鹽攪拌均勻。
2 油鍋燒熱，倒入蛋液翻炒至熟，取出。
3 加適量油，放入黑木耳和金針花，翻炒至半熟。
4 放入炒好的蛋塊，翻炒幾分鐘後，加適量鹽、生抽、香醋調味即可。

鵝蛋較大，只放1顆就夠了。

豌豆富含蛋白質、膳食纖維和多種維生素，能夠補中益氣、消腫利水，可以提高身體的抗病能力和康復能力，熬煮成粥，更適合體質差的人食用。

豌豆蛋花粥

材料 / Material Science
蛋2個，豌豆、蓬萊米各50克。

調味料 / Flavoring
適量。

製作步驟

1 豌豆、蓬萊米分別浸泡30分鐘。雞蛋加適量鹽打散。
2 鍋中放入蓬萊米和適量水，大火煮滾後，轉小火熬煮成粥。
3 待粥煮至八分熟時，放入豌豆，小火繼續熬煮。
4 待豌豆熟時，將蛋液慢慢倒入鍋中，攪拌均勻。略煮片刻，加鹽調味即可。

皮蛋豆腐

材料 / Material Science
嫩豆腐1盒，皮蛋3顆，彩椒1個。

調味料 / Flavoring
蔥末、蒜末、醬油、醋、鹽各適量。

製作步驟

1 皮蛋剝殼，切丁。
2 豆腐切條，彩椒切丁。
3 將豆腐條裝在盤子中央，上面擺一圈皮蛋。
4 將彩椒丁放在豆腐上，撒上蒜末。最後淋上適量的醬油、醋、鹽，撒上蔥末即可。

清淡的豌豆蛋花粥是晚餐的好選擇。

做厚蛋燒時每次倒入的蛋液越少，蛋餅越薄，做出來的黃金厚蛋燒層次越多，比較好看。
新手要多嘗試幾次，可以從厚一點的蛋餅開始練習。

風味捲餅

材料 / Material Science
雞蛋2顆，香蕉1根，核桃30克。

調味料 / Flavoring
油適量。

製作步驟

1 香蕉去皮，從中間切開，將核桃擺在切面上。
2 平底鍋中滴適量油，用刷子將油刷滿平底鍋。
3 雞蛋打散，油五分熱時，倒入蛋液，轉動平底鍋，使蛋液均勻鋪在鍋底。
4 蛋液稍微凝固後，將香蕉和核桃放在蛋餅上，用鍋鏟鏟起蛋餅，將香蕉包起來。
5 繼續煎2分鐘，裝盤即可。

黃金厚蛋燒

材料 / Material Science
鵝蛋2個。

調味料 / Flavoring
蔥末、沙拉油、鹽各適量。

製作步驟

1 鵝蛋打散，放入蔥末和鹽，攪拌均勻。
2 鍋底刷薄薄一層沙拉油，倒入適量蛋液，使蛋液均勻鋪滿鍋底。小火煎至蛋液呈半凝固狀態，用鍋鏟從一邊掀起，慢慢捲成略扁的蛋捲。
3 再緩緩倒入適量蛋液，煎至半凝固時，用鍋鏟掀起，捲在蛋捲上。重複以上步驟，直至蛋液用完。
4 將成型的蛋捲煎至表面略焦黃，盛出。將蛋捲切段，擺盤後撒上蔥末即可。

嫩綠的蔥末點綴在金黃的厚蛋燒上，好吃到停不下來。

鮮奶蛋羹

牛奶

新鮮牛奶中富含蛋白質、脂肪、氨基酸、糖類、鈣、磷、鐵等各種營養素、微量維生素、酶和抗體等，最容易被人體消化吸收。據研究證明，每天早晨飲用一杯鮮奶，以及人體所需熱量的10％，以及人體所需各種微量維生素的40％。牛奶是人體鈣的最佳來源，而且鈣磷比例非常適當，利於鈣的吸收。

材料 / Material Science

雞蛋2顆，芒果1/2個，牛奶100毫升。

調味料 / Flavoring

白糖1匙。

製作步驟：

第1步：芒果去皮切丁，備用。

第2步：雞蛋打入碗中，不停攪拌，直至蛋黃和蛋白完全融合。

第3步：將牛奶倒入蛋液中，加適量白糖輕輕攪拌均勻。

第4步：放入蒸鍋，蓋上保鮮膜，冷水煮滾。

第5步：蒸10分鐘後關火，去掉保鮮膜，將芒果丁撒在蛋羹表面即可。

這樣做更有味

雞蛋打散到有點黏稠、沒有明顯的泡沫為止，這樣能讓，蛋液很順滑。蒸的時候蓋上保鮮膜，可以避免鍋蓋上的水蒸氣滴落到蛋液上，否則會有很多氣孔，影響美觀。

每 100 毫升牛奶所含的營養成分

營養成分	含量
脂肪	3.2 克
碳水化合物	3.4 克
蛋白質	3 克
膽固醇	15 毫克
鈣	104 毫克
鐵	0.3 毫克

有了甜美的芒果和香濃的牛奶，
蛋羹的味道超出想像。

煮好的西米露要迅速過冷水，不然會黏在一起，反覆多過冷水幾次，
這樣做西米露會很滑很有彈性，而且顆粒很飽滿。

楊枝甘露

材料 / Material Science
芒果、葡萄柚各1/2個，西米露100克，牛
奶、椰漿各200毫升，鮮奶油適量。

調味料 / Flavoring
白糖適量。

製作步驟

1 西米露放入鍋中，加水，大火煮開後，
轉小火再煮10分鐘後沖洗表面的黏液用
此方法共煮二次。

2 芒果去皮，對半切開，一半放入果汁機
中，打成芒果泥；一半切成小塊。

3 將牛奶、椰漿倒入容器中，加適量白糖
調味，備用。葡萄柚去皮切塊，和芒果
塊一同放入容器中，淋上牛奶、椰漿、
芒果泥、西米露、鮮奶油即可。

冷藏後的楊枝甘露
是夏天不容錯過的
美食。

銀耳鵪鶉蛋

材料 / Material Science
白木耳30克，鵪鶉蛋6顆。

調味料 / Flavoring
冰糖適量。

製作步驟

1 白木耳泡發，去蒂，放入碗中，加適量
水，放入蒸籠蒸透。

2 鵪鶉蛋洗淨，加適量水煮熟，去殼。

3 鍋中加水，放入冰糖，煮開後放入白木
耳、鵪鶉蛋，稍煮即可。

奶香玉米餅味道香甜而濃郁，最適合當作早餐。搭配豆漿、牛奶食用，十分美味。

奶香玉米餅

材料 / Material Science
雞蛋2顆，麵粉、新鮮玉米粒各100克，奶油40克。

調味料 / Flavoring
油、鹽各適量。

製作步驟
1 雞蛋打入碗中。
2 從冰箱中取出奶油，放軟後備用。
3 將所有材料倒入大碗中，加適量水，攪拌成糊狀。
4 油鍋燒熱，倒入麵糊，小火攤成餅狀即可。

奶汁燴生菜

材料 / Material Science
生菜200克，花椰菜100克，鮮奶125毫升。

調味料 / Flavoring
澱粉、油、鹽各適量。

製作步驟
1 生菜撕成小塊，備用。
2 花椰菜撕成小朵，放入加鹽的滾水中，汆燙2分鐘，撈出。
3 油鍋燒熱，倒入生菜、花椰菜翻炒，加鹽調味，盛盤。
4 小火煮滾鮮奶，加澱粉熬成濃汁，淋在盤中即可。

這道菜能有效提高食物中的鈣含量，讓營養充分吸收。

滑嫩的雙皮奶和甜美的蜜豆是絕配。
做一碗香濃的乳酪蛋湯，讓身體充滿活力。

蜜豆雙皮奶

材料 / Material Science
牛奶250毫升，雞蛋2顆，蜜豆適量。

調味料 / Flavoring
白砂糖20克。

製作步驟

1 牛奶煮至微沸，倒入碗中，靜置至表面
　形成奶皮。將碗中的牛奶倒出來，將奶
　皮留在碗底。

2 將蛋黃和蛋白分離，在蛋白中加入白砂
　糖，充分打散。

3 牛奶和蛋白混合均勻，過篩。將牛奶蛋
　白液緩緩倒回碗中，使奶皮浮到表面。

4 將保鮮膜覆蓋在碗上，放入蒸鍋中用大
　火蒸，轉小火再蒸15分鐘，關火。在鍋
　中靜置10分鐘，放涼後撒上蜜豆。

乳酪蛋湯

材料 / Material Science
乳酪20克，雞蛋1顆，西芹100克，紅蘿蔔
50克，麵粉適量。

調味料 / Flavoring
適量。

製作步驟

1 西芹、紅蘿蔔切末，備用。

2 乳酪與雞蛋一同打散，放入適量麵粉。

3 鍋內放適量水煮滾，加鹽調味，然後淋
　入調好的乳酪蛋液。

4 鍋煮滾後，撒上西芹末、紅蘿蔔末作點
　綴，略煮片刻即可。

用全脂牛奶做的雙皮
奶最漂亮。

冰糖含糖量高，口感比白糖更甜美。煮粥時，放些冰糖還能解渴生津，特別適合春秋季節食用。

黑芝麻甜粥

材料 / Material Science
牛奶200毫升，蓬萊米100克，黑芝麻20克，枸杞適量。

調味料 / Flavoring
冰糖適量。

製作步驟
1 蓬萊米用水浸泡30分鐘以上，備用。
2 枸杞用溫水浸泡10分鐘，撈出備用。
3 鍋燒熱，將黑芝麻小火炒熟。鍋中放入蓬萊米和適量水，大火煮滾後轉小火，熬煮30分鐘。
4 倒入牛奶，中火煮滾後加入枸杞、冰糖，攪拌均勻。待冰糖溶化，關火，撒上黑芝麻即可。

薑汁撞奶

材料 / Material Science
薑50克，牛奶250毫升。

調味料 / Flavoring
白糖1匙。

製作步驟
1 薑去皮，剁成薑末，擠出薑汁，倒入容器中。
2 將牛奶、白糖倒入鍋中，中火熬煮，剛開始沸騰即關火，放涼。
3 靜置8分鐘後，將奶汁倒入裝有薑汁的容器中，加蓋。
4 靜置10分鐘後，開蓋即可食用。

在倒奶汁的時候，動作要迅速，才會「撞」出好味道。

做鮮奶木瓜雪梨時，水量不宜過多，否則味道會變得很淡，失去應有的風味。
可以先放鮮奶，然後加水，與雪梨塊、木瓜塊等量即可。

鮮奶木瓜雪梨

材料 / Material Science
牛奶250毫升，雪梨、木瓜各100克。

調味料 / Flavoring
蜂蜜適量。

製作步驟
1 雪梨、木瓜分別去皮去核（瓤），切塊。
2 將雪梨塊、木瓜塊放入燉盅內，倒入牛奶和適量水。
3 大火煮滾後加蓋，轉小火燉煮。
4 待雪梨塊、木瓜塊軟爛後，加適量蜂蜜調味即可。

香濃玉米湯

材料 / Material Science
玉米粒100克，牛奶300毫升，奶油適量。

調味料 / Flavoring
白糖適量。

製作步驟
1 鍋燒熱，將奶油用小火煎至溶化。
2 放入玉米粒，中火翻炒均勻。
3 倒入白糖，繼續翻炒片刻。
4 倒入牛奶，攪拌均勻後，小火煮滾即可。

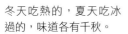

冬天吃熱的，夏天吃冰過的，味道各有千秋。

西米露要煮到中間沒有白芯才行，不然會有點生的感覺。可以按照比例，一次多做一點，放進冰箱冷藏，最適合夏天享用了。

芒果西米露

材料 / Material Science
芒果1個，牛奶200毫升，西米露適量。

調味料 / Flavoring
蜂蜜適量。

製作步驟

1 鍋中加水煮滾，放入西米露。
2 中大火煮10分鐘後，關火燜15分鐘，取出沖涼。
3 鍋中換水煮滾，放入沖涼的西米露。中大火煮5分鐘後，關火再燜15分鐘，直至無白芯。
4 芒果切丁，和蜂蜜、西米露、牛奶攪拌均勻即可。

李子優酪乳

材料 / Material Science
李子3 個，香蕉1/2 根，優酪乳200 毫升。

調味料 / Flavoring
檸檬汁適量。

製作步驟

1 李子去核，切成小塊。
2 香蕉去皮，切成小段。
3 將李子塊、香蕉段、優酪乳倒入果汁機中打成汁。
4 根據個人喜好，加適量檸檬汁調味即可。

李子要少放，放入過多會影響口感，令優酪乳過酸。

第五章
素肉

　　素肉是以植物蛋白為主要原料的食物，主要包括大豆蛋白、花生蛋白、小麥麵粉等。素肉具有動物性食物的風味和口感，受到很多半素食者的喜愛。雖然精緻的素肉料理常見於高檔的素食餐廳，但我們自己在家也能做出一樣美味的素肉。

素魚香肉絲

重點介紹
茭白筍

茭白筍主要含蛋白質、脂肪、糖類、維生素B1、維生素B2、維生素E、微量胡蘿蔔素和礦物質等。嫩茭白筍的有機氮素以氨基酸狀態存在，並能提供硫元素，味道鮮美，營養價值較高，容易被人體所吸收。

材料 / Material Science

素肉絲150克，茭白筍1根，乾黑木耳適量。

調味料 / Flavoring

白糖、醋各3匙，泡椒、生抽各2匙，老抽、米酒各1匙，蔥末、薑末、蒜末、澱粉、香油、油、鹽各適量。

製作步驟：

第1步：乾黑木耳用水浸泡2小時，洗淨切成細絲。

第2步：素肉絲放入滾水中，大火煮2分鐘後，撈出過冷水，瀝乾。

第3步：茭白筍去殼，去皮，切成細絲，放入滾水中汆燙，迅速撈出，瀝乾。

第4步：將白糖、醋、生抽、老抽、米酒、澱粉、香油攪拌均勻，調成醬汁，

備用。

第5步：油鍋燒熱，放入素肉絲，中火煸炒2分鐘，盛出。

第6步：鍋中放入蔥末、薑末、蒜末爆香，然後放入泡椒，翻炒出香味。

第7步：倒入素肉絲、茭白筍絲、木耳絲，翻炒幾下後，放入醬汁，加鹽調味，翻炒均勻即可。

這樣做更有味 **Tips**

白糖和醋的比例很重要，比例為1:1時，酸甜適中。能吃辣的人可以多放些泡椒，口味很脆爽。

每 100 克茭白筍所含的營養成分

營養成分	含量
脂肪	0.2 克
碳水化合物	5.9 克
蛋白質	1.2 克
膳食纖維	1.9 克
鈣	4 毫克
鐵	0.4 毫克

酸甜滑嫩的口感，
讓人胃口大開。

現炸的花椒油比在超市買的更香，用花椒粒也比花椒粉更入味，
將熱燙的花椒油淋入乾辣椒碎中，香氣撲鼻。

香滷千層塔

材料 / Material Science
素雞200克。

調味料 / Flavoring
老抽、生抽、白糖各1匙，八角3個，桂皮
1段，月桂葉4片，孜然、油、鹽各適量。

製作步驟

1 鍋中加水大火煮滾後，放入八角、桂
　皮、月桂葉、孜然，轉小火煮5分鐘，
　挑掉調味料，將鍋中滷汁倒入容器中，
　備用。
2 素雞切薄片，放入油鍋中，小火煎至兩
　面淺黃。
3 放入老抽、生抽、白糖，攪拌均勻。
4 倒入滷汁，大火煮滾後加蓋，小火燜煮
　30分鐘。開蓋，大火收汁後加鹽調味。

麻辣素肉絲

材料 / Material Science
素肉絲300克，黃瓜、紅椒、青椒各1個。

調味料 / Flavoring
白糖、醋各1匙，花椒粒、乾辣椒碎、
油、鹽各適量。

製作步驟

1 素肉絲放入鍋中煮熟，撈出放涼，擺在
　盤中。
2 黃瓜斜切成菱形片，圍著素肉絲擺盤。
　紅椒、青椒切絲，放在素肉絲上。
3 油鍋燒熱，小火將花椒粒炸香，製成花
　椒油。
5 將花椒油倒入裝有乾辣椒碎的小碗中，
　攪拌均勻，和醬汁一起淋在素肉絲上即
　可。

素雞片切厚一點比較
耐煮，擺盤的時候也
好看。

花生素肉在經過浸泡、翻炒之後，味道會比較淡，
加一點花生會讓整體的香氣更濃郁。

炒花生素肉

材料 / Material Science
韭菜50克，花生素肉絲100克，紅尖椒2
個，花生1小把。

調味料 / Flavoring
蔥末、蒜末、花椒粒、油、鹽各適量。

製作步驟
1 花生素肉絲用水浸泡5分鐘，撈出瀝
乾。
2 韭菜切段，紅尖椒切絲，備用。
3 油鍋燒熱，小火將花生炒香，撈出備
用。
4 鍋中放入蔥末、蒜末、花椒粒爆香，放
入花生素肉絲，翻炒2分鐘。
5 放入紅尖椒絲、韭菜段、花生，翻炒均
勻後，加鹽調味即可。

椒香小炒

材料 / Material Science
花生素肉片200克，洋蔥1個，青椒、紅椒
各1個。

調味料 / Flavoring
生抽1匙，豆瓣醬、白糖、油、鹽各
適量。

製作步驟
1 將花生素肉片用水浸泡5分鐘，撈出瀝
乾。
2 洋蔥、青椒、紅椒切成小片，備用。
3 油鍋燒熱，放入花生素肉片翻炒。
4 放入生抽、白糖、豆瓣醬，翻炒均勻
後，放入適量水。
5 加蓋燜煮10分鐘後，放入洋蔥塊、青椒
塊、紅椒塊，大火炒香後，加鹽調味。

最好選擇紫洋蔥，辛
辣味強，適合燉煮。

按照尖椒素肉絲的做法，在家還可以做很多美味素肉，
如蒜薑素肉絲、蘆筍素肉絲等。

肉醬金針

材料 / Material Science
素肉絲40克，金針菇100克，西芹適量。

調味料 / Flavoring
醬油1小匙，薑末、香油、油、鹽各適量。

製作步驟

1 素肉絲用水浸泡5分鐘後，撈出瀝乾。
2 將素肉絲切成碎末，備用。
3 金針菇、西芹切段，分別放入滾水中汆燙，撈出過冷水。
4 油鍋燒熱，放入薑末爆香，然後放入素肉末炒香，淋入醬油、香油，放入金針菇段、西芹段，翻炒均勻即可。

尖椒素肉絲

材料 / Material Science
尖椒2個，素肉絲200克。

調味料 / Flavoring
生抽1小匙，醋、油、鹽各適量。

製作步驟

1 尖椒切成細絲，備用。
2 素肉絲用水浸泡5分鐘，撈出，用手擠去水分。
3 油鍋燒熱，放入素肉絲，翻炒片刻後放入尖椒絲，大火炒香。
4 淋入生抽、醋，加鹽調味即可。

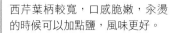
西芹葉柄較寬，口感脆嫩，汆燙的時候可以加點鹽，風味更好。

咖哩的香氣比較濃郁，置中和素雞搭配能做出超好吃的菜。

加些紅蘿蔔丁、青豆，更是錦上添花。

番茄素肉

材料 / Material Science

素肉片200克，香菜適量。

調味料 / Flavoring

番茄醬1大匙，白糖、醋各2匙，蒜末、蔥段、芡水、生抽、香油、油、鹽各適量。

製作步驟

1 素肉片用水浸泡5分鐘，撈出瀝乾。
2 將澱粉、鹽和適量水調成糊狀，均勻裹在素肉片上，醃5分鐘。
3 油鍋燒熱，放入素肉片，煎至表面淺黃，撈出瀝油。
4 鍋中放入蒜末、蔥段爆香，再放入番茄醬、白糖、醋、生抽翻炒。淋入芡水、香油，翻炒幾下後加鹽調味即可。

咖哩素雞塊

材料 / Material Science

素雞300克，馬鈴薯1個，青椒1個，洋蔥1/2個。

調味料 / Flavoring

蒜末、薑末、咖哩粉、油、鹽各適量。

製作步驟

1 洋蔥、青椒切片，備用。
2 將素雞、馬鈴薯切成滾刀塊，放入鍋中，炸至表面淺黃，撈出瀝油。
3 鍋中放入蒜末、薑末爆香，然後放入咖哩粉、素雞塊、馬鈴薯塊、洋蔥塊，不停翻炒。
4 倒入適量水，大火煮至湯汁黏稠，放入青椒塊、鹽調味即可。

咖哩讓馬鈴薯塊變得顏色金黃，看起來更誘人。

鳳梨咕咾素肉

鳳梨

鳳梨富含維生素B1，可以消除疲勞、增進食欲。所含的鳳梨酵素則有助分解食物中的蛋白質，利於人體吸收。鳳梨還可以去油膩、幫助消化。鳳梨的鉀含量高，適合做為高血壓患者烹煮食物的調味劑，以取代鹽的使用量。

材料 / Material Science

素肉300克，鳳梨50克，紅椒、青椒各1個，麵粉適量。

調味料 / Flavoring

番茄醬2大匙，白糖、醋各2匙，生抽1匙，芡水、胡椒粉、米酒、油、鹽各適量。

製作步驟：

第1步：鳳梨切成小塊，用淡鹽水浸泡10分鐘。紅椒、青椒切成菱形片。將番茄醬、白糖、醋攪拌均勻，調成醬汁。

第2步：素肉切成小塊，加生抽、米酒、胡椒粉、鹽醃漬5分鐘。

第3步：將醃好的素肉塊均勻沾滿麵粉，備用。

第4步：油鍋燒至六分熱時，放入素肉塊，煎至顏色淺黃，撈出。

第5步：將煎好的素肉塊按照先後順序，再次放入鍋中，炸5秒即可撈出。

第6步：鍋中放入醬汁，煮滾後倒入芡水，煮至黏稠。倒入鳳梨塊、紅椒片、青椒片、素肉塊，翻炒均勻即可。

這樣做更有味

第二次炸素肉塊要迅速，以免炸焦。醬汁一定要事先準備好，以免手忙腳亂，調味不均勻。

每 100 克鳳梨所含的營養成分

營養成分	含量
脂肪	0.1 克
碳水化合物	8.5 克
蛋白質	0.5 克
膳食纖維	12 克
鈣	20 毫克
鐵	0.2 毫克

鳳梨的香甜、番茄醬的酸甜，
讓素肉變得這麼好吃。

蒸的玉米比用煮的出水量還少，甜味也不會流失在水份裡，用蒸的也比較香甜。

素鍋包肉

材料 / Material Science
素肉片150克，紅蘿蔔1/3根。

調味料 / Flavoring
芡水1大匙，白糖、醋各2匙，蔥絲、薑絲、油、鹽各適量。

製作步驟
1 將白糖、醋、鹽攪拌均勻，調成醬汁，備用。
2 將素肉片均勻裹上芡水，放入油鍋中，炸至表面淺黃、外皮酥脆，撈出。
3 鍋中留適量油，倒入紅蘿蔔絲、蔥絲、薑絲爆香，淋入醬汁，煮滾，倒入素肉片，翻炒2分鐘即可。

農家燒四寶

材料 / Material Science
素雞200克，馬鈴薯2個，玉米1根，四季豆100克。

調味料 / Flavoring
豆瓣醬1大匙，蔥段、油、鹽各適量。

製作步驟
1 玉米蒸熟，切塊。馬鈴薯去皮，切塊，四季豆剝成兩段。
2 素雞切塊，放入滾水煮2分鐘取出。
3 油鍋燒熱，放入馬鈴薯塊，翻炒3分鐘，撈出瀝油。
4 鍋中放入蔥段爆香，放入四季豆段、素雞塊，翻炒出香味後，倒入豆瓣醬翻炒，倒入玉米塊、馬鈴薯塊和適量水，加蓋小火燉15分鐘，加鹽調味即可。

素鍋包肉需要用的油比較多，不然炸不出酥脆的口感。

香煎茄盒外酥內嫩、味道鮮美,是節日餐桌上必不可少的一道素食。

放茄盒的時候,要橫著放進去,外面的麵糊不容易漏汁,裡面的素肉餡也不容易漏出來,

做出來的茄盒形狀較完整、好看。

香煎茄盒

材料 / Material Science

茄子2根,素肉絲50克,麵粉適量。

調味料 / Flavoring

蔥末、薑末、白胡椒粉、油、鹽各適量。

製作步驟

1 將麵粉加水攪拌均勻,製成麵糊。

2 素肉絲切碎,和蔥末、薑末、白胡椒粉、鹽攪拌均勻,直至出筋。

3 茄子切成1公分厚的段,中間再劃一刀,不要切斷以製成茄盒。

4 依次將茄子段製成茄盒,塞入素肉餡。將茄盒放入麵糊中,讓表面黏滿麵糊。

5 油鍋燒熱,將茄盒放入,中火炸15秒左右,至表面呈淺黃色,撈出瀝油即可。

麻醬素肉絲

材料 / Material Science

素肉絲100克,黃瓜、紅蘿蔔各1/2根,香菜適量。

調味料 / Flavoring

芝麻醬1大匙,陳醋2匙,香油、鹽各適量。

製作步驟

1 素肉絲用水浸泡5分後,撈出。

2 將素肉絲放入滾水中汆燙,撈出放涼,擠乾水分,擺入盤中。

3 將芝麻醬、陳醋、香油、鹽調成醬汁,備用。

4 黃瓜、紅蘿蔔切成細絲,香菜切段,均勻擺在素肉絲上,淋上醬汁即可。

香而不膩,搭配清爽的黃瓜、紅蘿蔔,開胃又下飯。

第六章
涼菜

　　不僅僅是素食者，很多人都對涼菜情有獨鍾。涼菜簡單、爽口、開胃、下飯……尤其是在炎熱的夏天，吃些涼菜最愜意不過。逢年過節來盤涼菜，解膩又下酒。只要有涼菜上桌，我們就有好口福。

西瓜翠衣

西瓜

西瓜堪稱「盛夏之王」，清爽解渴，味道甘味多汁，西瓜除了不含脂肪和膽固醇外，還含有大量葡萄糖、蘋果酸、果糖、蛋白氨基酸、番茄素及豐富的維生素C等物質，是一種高營養價值的食物。瓤肉含糖量一般為5~12%，包括葡萄糖、果糖和蔗糖，甜度隨成熟後期蔗糖的增加而增加。

材料 / Material Science

西瓜皮200克。

調味料 / Flavoring

白醋、香油各1小匙，蒜末、鹽各適量。

製作步驟：

第1步：西瓜皮刮去表面綠色的硬皮，然後保留一層粉色的果肉。

第2步：將西瓜皮切成薄片，放入容器中，加鹽醃30分鐘左右。

第3步：倒出容器中的水，加蒜末、白醋、香油攪拌均勻即可。

這樣做更有味 Tips

西瓜皮最好事先冷藏，口感會很涼爽。西瓜留點果肉，顏色會很漂亮，讓人食指大動。愛吃甜的可以加白糖，尤其是在西瓜果肉比較薄的情況下，加些白糖味道會很好。

每 100 克西瓜所含的營養成分

成分	含量
碳水化合物	3.2 克
蛋白質	0.3 克
膳食纖維	0.8 克
鈣	4.5 毫克
鐵	0.2 毫克

這樣一盤涼菜，
真是讓人驚豔。

好的春筍為淡淡的青綠色，形狀像塔，汁鮮甜，肉呈白色。
春筍一定要除去老根，不然口感會遜色很多。

蒜蓉扁豆絲

材料 / Material Science
扁豆300克。

調味料 / Flavoring
蒜蓉、香油、油、鹽各適量。

製作步驟

1 扁豆除去兩頭和兩側粗纖維，切絲。
2 鍋中放入適量水以及適量鹽、油，大火
　煮滾後，放入扁豆絲汆燙至熟。
3 將燙好的扁豆絲撈出瀝乾，過冷水，放
　入容器中。
4 將蒜蓉、香油、鹽調成醬汁，淋入容器
　中，攪拌均勻即可。

涼拌春筍

材料 / Material Science
春筍300克。

調味料 / Flavoring
醋、白糖各1匙，花椒粒、醬油、油、鹽
各適量。

製作步驟

1 春筍去皮，切掉根部，放入滾水中汆燙
　2分鐘。
2 將春筍撈出過冷水，瀝乾後切絲，放入
　大碗中。
3 將醋、白糖、醬油、鹽調成醬汁，備
　用。
4 油鍋燒熱，小火將花椒粒炸香，將花椒
　油、醬汁淋在春筍絲上，倒入醬汁，攪
　拌均勻即可。

將扁豆斜刀切絲比較容易
入味，也比較容易熟。

豆干要現買現做，放進冰箱冷藏過的豆干會出水，味道也不那麼香醇。
把自己喜歡的食材拌在一起，每一口都滿足。

豆乾拌番茄

材料 / Material Science
番茄1個，黃瓜1根，醬香豆乾適量。

調味料 / Flavoring
香油、鹽各適量。

製作步驟

1 番茄用開水汆燙，去皮，切成月牙形，
　均勻放在盤中。
2 黃瓜、醬香豆乾切末，撒在番茄上，淋
　上香油、鹽即可。

素什錦

材料 / Material Science
竹筍、芹菜各50克，冬粉、紅蘿蔔、豆
皮、A菜心、洋蔥各30克。

調味料 / Flavoring
白糖、香油、醬油、鹽各適量。

製作步驟

1 A菜心、竹筍去皮，切絲，分別用熱水
　燙一下。
2 芹菜切段，將紅蘿蔔、豆皮、洋蔥全部
　切絲，一起放入盤中。
3 放入所有調味料，攪拌均勻即可。

白糖可以調和不同食物的口
感，所以一定要放。

西芹最好斜刀切段，這可以讓西芹迅速入味。
除了搭配腰果，還可以放花生、松子、核桃等。

苦苣拌核桃

材料 / Material Science
苦苣2棵，核桃1小把。

調味料 / Flavoring
醋1匙，生抽、白糖、橄欖油各1小匙，鹽
適量。

製作步驟

1 苦苣除去黃葉，切段。
2 核桃剁碎，和苦苣段一起放入大碗中。
3 將醋、生抽、白糖、橄欖油、鹽調成醬
　汁，和苦苣段、核桃碎攪拌均勻即可。

腰果西芹

材料 / Material Science
西芹250克，腰果50克。

調味料 / Flavoring
香油、油、鹽各適量。

製作步驟

1 西芹切段，放入開水中，待水再次煮滾
　時，撈出瀝乾。
2 油鍋燒熱，放入腰果，小火炸至顏色淺
　黃，撈出放涼。
3 將西芹段與鹽、香油攪拌均勻，撒上腰
　果即可。

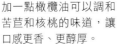

加一點橄欖油可以調和
苦苣和核桃的味道，讓
口感更香、更醇厚。

素三丁融合了脆、嫩兩種口感，要注意火候。
紅蘿蔔和芥藍的汆燙時間短一點比較好，而花生要脆一點才好吃。

素三丁

材料 / Material Science
紅蘿蔔1/2根，芥藍、花生各1小把。

調味料 / Flavoring
陳醋、生抽、白糖各1小匙，蔥段、油、鹽各適量。

製作步驟

1 紅蘿蔔、芥藍切丁，放入滾水中汆燙，1分鐘後撈出過冷水，瀝乾。
2 鍋中放適量油，小火將花生炸香，備用。
3 用鍋中餘油炸香蔥段後，倒在紅蘿蔔丁和芥藍丁上面。
4 放入陳醋、生抽、白糖、鹽和花生，攪拌均勻即可。

剁椒山藥

材料 / Material Science
山藥100克，剁椒2匙。

調味料 / Flavoring
蔥末、蒜末、白醋、鹽各適量。

製作步驟

1 山藥去皮，切成1公分粗的長條。
2 將山藥條放入加鹽的滾水中，汆燙2分鐘後撈出瀝乾，擺盤。
3 將蔥末、蒜末、剁椒、白醋、鹽調成醬汁，淋在山藥條上即可。

山藥切得太細容易碎，也不容易造型，切成1公分粗比較合適。

撈汁什錦

青椒

青椒的維生素C含量是番茄的7~15倍，在蔬菜中占首位。青椒特有的味道有刺激唾液分泌的作用；所含的辣椒素能增進食欲，幫助消化、防止便秘。辣椒的有效成分辣椒素是一種抗氧化物質，可阻止相關細胞的新陳代謝，從而終止細胞組織的癌變過程，降低癌症細胞的發生率。

材料 / Material Science

金針菇50克，黃瓜、紅蘿蔔、紅椒、青椒各1/2根，豆皮適量。

調味料 / Flavoring

香醋、生抽各1大匙，白糖1匙，蒜末、香油、鹽各適量。

製作步驟：

第1步：將香醋、生抽、白糖放入碗中，攪拌均勻，直至白糖溶化。

第2步：放入蒜末和適量冰水，放入冰箱，冷藏30分鐘左右。

第3步：紅椒、黃瓜、紅蘿蔔、豆皮切絲，放入容器中。

第4步：金針菇除去根部，放入滾水中汆燙30秒左右，撈出過冷水，瀝乾水分後，放入容器中。

第5步：放入香油、鹽，將所有材料攪拌均勻即可。

這樣做更有味 Tips

喜歡吃辣的可以放尖椒，將其切成碎末，和蒜末、冰水一起放入冰箱冷藏。除了以上食材，還可以加木耳、冬粉等。

每 100 克青椒所含的營養成分

成分	含量
脂肪	0.3 克
碳水化合物	3.7 克
蛋白質	1.4 克
維生素 C	72 毫克
鈣	14 毫克
鐵	0.8 毫克

各種蔬菜拌在一起，
涼爽了整個夏天。

白木耳的泡發效果會直接影響整道菜的口感，
溫水浸泡的彈性會比較好。

酸辣馬鈴薯

材料 / Material Science
馬鈴薯2個。

調味料 / Flavoring
陳醋、乾辣椒碎各1小匙，蔥末、蒜末、
花椒粒、油、鹽各適量。

製作步驟

1 馬鈴薯去皮切絲，用水沖洗2遍，放入
　滾水中汆燙1分鐘。
2 將馬鈴薯絲撈出過冷水，放入大碗中，
　撒上蔥末、蒜末、乾辣椒碎。
3 將陳醋、鹽調成醬汁，淋在馬鈴薯絲
　上。
4 油鍋燒熱，小火將花椒粒炸香，開始冒
　煙時關火，將花椒油淋在蔥末、蒜末、
　乾辣椒碎上，攪拌均勻即可。

銀耳拌黃瓜

材料 / Material Science
乾白木耳1朵，黃瓜1根。

調味料 / Flavoring
蒜末、花椒粒、乾辣椒碎、陳醋、油、鹽
各適量。

製作步驟

1 乾白木耳泡發4小時左右，放入滾水中
　汆燙一下，撈出放涼。
2 黃瓜去皮切片，和白木耳一起放入大碗
　中。
3 油鍋燒熱，開始冒煙時關火，倒入盛有
　花椒粒、乾辣椒碎的碗中，攪拌均勻成
　辣椒油。
4 將辣椒油、蒜末、陳醋、鹽調成醬汁，
　和白木耳、黃瓜片攪拌均勻即可。

酸辣爽口的馬鈴薯絲最下飯。

白花椰和綠花椰菜用手撕比較好，這樣既方便又不會損傷過多纖維組織，
能保持柔嫩的口感。

老虎菜

材料 / Material Science
尖椒2個，黃瓜1根，大蔥1/2根，香菜
適量。

調味料 / Flavoring
蒜末、薑末、香油、醬油、鹽各適量。

製作步驟

1 尖椒、黃瓜、大蔥洗淨，切成細絲。
2 將香油、醬油、鹽調成醬汁，放入尖椒
　絲、黃瓜絲，醃2分鐘。
3 香菜洗淨，切段，和大蔥絲、蒜末、薑
　末一起淋入食材中，攪拌均勻即可。

什錦花椰菜

材料 / Material Science
白花椰、綠花椰菜各200克，紅蘿蔔
100克。

調味料 / Flavoring
白糖、醋、香油、鹽各適量。

製作步驟

1 花椰菜撕成小朵，分別放入加鹽的滾水
　中汆燙。
2 將花椰菜撈出過冷水，備用。
3 紅蘿蔔去皮，切成菱形片，汆燙後過冷
　水。
4 將所有材料盛盤，加白糖、醋、香油、
　鹽，攪拌均勻即可。

在燙花椰菜的水中加
點鹽，可保持鮮綠的
顏色。

菠菜的口感比較柔嫩，和花生是絕配。將油和花生一起放入鍋中，大火炸香，
可以保證花生受熱均勻，口感酥脆又不會糊。

果仁菠菜

材料 / Material Science
菠菜200克，花生1小把。

調味料 / Flavoring
陳醋、油各1大匙，白糖、香油、鹽各
適量。

製作步驟

1 鍋中放油、花生，大火炸至花生變脆。
2 將菠菜汆燙至變色，撈出過冷水，擠乾
　水分。
3 將菠菜、花生放入容器中，備用。
4 將陳醋、白糖、香油、鹽調成醬汁，淋
　入容器中，攪拌均勻即可。

東北大拌菜

材料 / Material Science
黃瓜、紅蘿蔔各1根，白菜1/2個，薄豆干
2張，香菜、綠豆芽適量。

調味料 / Flavoring
蒜末、白糖、乾辣椒碎、醋、醬油、香
油、油、鹽各適量。

製作步驟

1 綠豆芽放入滾水中燙熟，撈出過冷水，
　瀝乾。薄豆干、紅蘿蔔、黃瓜、白菜切
　成細絲。將以上材料放入容器中。
2 將蒜末、白糖、醋、醬油、香油調成醬
　汁，淋在容器中，攪拌均勻。
3 油鍋燒熱，將熱油倒在裝有乾辣椒碎的
　小碗中，攪拌均勻，淋在容器中。
4 加入適量鹽和香菜，攪拌均勻即可。

菠菜的嫩和花生仁的
脆，完美地融合到
一起。

要保持藕片的脆感，就要用水多沖洗幾次，除去上面的澱粉。

在醬汁中加一點生抽，醃3天，櫻桃蘿蔔的味道會從酸甜變為酸鹹，也很開胃。

香脆藕片

材料 / Material Science
蓮藕1節，花生1小把。

調味料 / Flavoring
白醋1匙，油1大匙，白糖、花椒粒、乾辣椒碎、鹽各適量。

製作步驟

1 蓮藕去皮，切成薄片，用水沖洗2遍。
2 將藕片放入滾水中燙熟，撈出過冷水。
3 油鍋燒熱，開始冒煙時，將1/2的油倒入裝有乾辣椒碎、花椒粒的小碗中，製成辣椒油。
4 用鍋內餘油小火炸香花生，放涼後碾碎。
5 將辣椒油淋在藕片上，然後放入白醋、白糖、花生碎和鹽，攪拌均勻即可。

醋漬櫻桃蘿蔔

材料 / Material Science
櫻桃蘿蔔適量。

調味料 / Flavoring
白醋、白糖各1大匙，鹽適量。

製作步驟

1 櫻桃蘿蔔切成薄片，注意底部不要切斷。
2 將櫻桃蘿蔔放入碗中，加鹽醃漬30分鐘左右，用水沖洗表面的鹽分。
3 將白醋、白糖調成醬汁，淋在櫻桃蘿蔔上，靜置20分鐘即可。

吃蘿蔔同時，千萬別隨手扔掉蘿蔔葉，葉子的營養價值也很高。

調芝麻醬時可以放入一點點冰水，這樣調出來的醬汁濃香而不失順滑，
且芝麻醬的香氣會撲鼻而來。

醋漬三鮮

材料 / Material Science
紅蘿蔔、A菜心、黃瓜各100克。

調味料 / Flavoring
白醋、白糖各1匙，香油、鹽各適量。

製作步驟

1 紅蘿蔔、A菜心、黃瓜去皮，切成薄片。
2 將紅蘿蔔片、A菜心片放入滾水中，汆燙1分鐘左右，撈出過冷水，擠去水分。
3 將白醋、白糖調成醬汁，淋在紅蘿蔔片、A菜心片、黃瓜片上。
4 醃10分鐘後，濾去多餘的水分，倒入香油、鹽，攪拌均勻即可。

麻醬豇豆

材料 / Material Science
豇豆200克。

調味料 / Flavoring
芝麻醬1小碗，蒜末、香油、白糖、醋、鹽各適量。

製作步驟

1 豇豆切成4公分長的段，放入滾水中燙熟。
2 將豇豆段撈出過冷水，擺盤。
3 將芝麻醬、蒜末、香油、白糖、醋、鹽調成醬汁，淋在擺好的豇豆段上即可。

稍微用心擺盤，小菜
也變得精緻。

彩椒的甜味遠勝於辣味，而且含有豐富的維生素，是讓人活力滿滿的小涼菜。
不同顏色的彩椒可以各選1個，顏色討喜，口感也很豐富。

糖醋彩椒

材料 / Material Science
彩椒200克。

調味料 / Flavoring
醋、白糖、鹽各適量。

製作步驟

1 彩椒去蒂去籽，切成絲。
2 將彩椒絲放入滾水中汆燙30秒左右，撈出過冷水。
3 將瀝乾水分的彩椒絲擺入盤中，加醋、白糖、鹽攪拌均勻即可。

紅油酸筍

材料 / Material Science
筍乾50克。

調味料 / Flavoring
乾紅尖椒2個，香醋1大匙，生抽1匙，油、鹽各適量。

製作步驟

1 筍乾用水沖洗一下，然後用水浸泡8小時。
2 將筍乾切成細絲，放入鍋中，煮20分鐘，撈出過冷水，放入容器中。
3 將香醋、生抽、油、鹽調成醬汁，淋在筍乾絲上。
4 油鍋燒熱，放入乾紅尖椒爆香，將熱油淋入筍乾上，攪拌均勻即可。

筍乾需要提前準備好，如果時間比較趕，可以用熱水浸泡1小時左右。

香油腐竹

腐竹

腐竹是將豆漿加熱煮滾後，經過一段時間保溫，表面形成一層薄膜，挑出後下垂成枝條狀，再經乾燥而成。腐竹的蛋白質豐富而含水量少，這是因為製作過程中經過烘乾，吸收了精華，濃縮了豆漿中的營養。腐竹中的麩胺酸含量很高，具有良好的健腦作用，能預防老年癡呆症。

材料 / Material Science
黃瓜1根，腐竹適量。

調味料 / Flavoring
生抽、白糖、醋各1小匙，花椒粒、乾辣椒碎、香油、油、鹽各適量。

製作步驟：

第1步：腐竹用水浸泡2小時，泡至發脹。

第2步：將腐竹放入滾水中汆燙，撈出瀝乾，切段。

第3步：黃瓜斜刀切段，然後將切面放在砧板上，切成菱形片。

第4步：將腐竹段、黃瓜片放入容器中，加生抽、白糖、醋、香油、鹽醃片刻。

第5步：用鍋內餘油炸香花椒粒、乾辣椒碎，淋在腐竹段上即可。

這樣做更有味 Tips

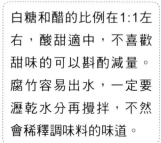

白糖和醋的比例在1:1左右，酸甜適中，不喜歡甜味的可以斟酌減量。腐竹容易出水，一定要瀝乾水分再攪拌，不然會稀釋調味料的味道。

每 100 克腐竹所含的營養成分

成分	含量
脂肪	21.7 克
碳水化合物	22.3 克
蛋白質	44.6 克
鈣	77 毫克
鐵	16.5 毫克
葉酸	48 微克

清香中帶著麻辣，
味道好極了。

秋葵可以涼拌、熱炒、油炸、燉食、做沙拉、煮湯等，但是在涼拌和炒食之前，
必須先在滾水中燙3分鐘來去除澀味。

剁椒三絲

材料 / Material Science
薄豆干、韭菜、豆芽各100克，剁椒
適量。

調味料 / Flavoring
胡椒粉、橄欖油各1小匙，鹽適量。

製作步驟
1 薄豆干切成細絲，韭菜切3公分左右的
　段，備用。
2 鍋中加適量水煮滾，加入適量鹽，放入
　豆皮絲汆燙片刻，撈出過冷水。
3 薄豆干、韭菜段分別放入鍋中汆燙，迅
　速撈出過冷水。
4 將薄豆干、豆芽、韭菜段放在大碗中，
　加剁椒、胡椒粉、橄欖油、鹽攪拌均勻
　即可。

芥末秋葵

材料 / Material Science
秋葵300克。

調味料 / Flavoring
生抽、芥末、白糖、香油各1小匙，素蠔
油各適量。

製作步驟
1 秋葵切去約2/3的蒂，不要完全切掉。
2 將秋葵放入滾水中汆燙3分鐘左右，直
　至顏色變得翠綠。
3 撈出秋葵，立刻放入冷水中過冷水，擺
　盤。
4 將生抽、芥末、白糖、香油、素蠔油攪
　拌均勻，調成醬汁，淋在秋葵上即可。

撒一些白芝麻，味道會更好。

燙空心菜的時候可以將莖、葉分次放入，確保空心菜的口感十分柔嫩。

製作醬汁的時候加一點白糖，能讓涼菜口味更柔和。

涼拌空心菜

材料 / Material Science

空心菜250克。

調味料 / Flavoring

蒜末、香油、鹽各適量。

製作步驟

1 空心菜切段，放入滾水中，汆燙2分鐘左右。
2 空心菜段撈出瀝乾，裝盤。
3 將蒜末、鹽和少量水調勻後，再淋入香油，調成醬汁，和空心菜段攪拌均勻即可。

菠菜核桃

材料 / Material Science

菠菜300克，核桃30克。

調味料 / Flavoring

香油、生抽、香醋、白糖、鹽各適量。

製作步驟

1 菠菜放入開水中燙一下，撈出過冷水，瀝乾。
2 核桃放入碗中，用熱水浸泡，去皮，備用。
3 將香油、生抽、香醋、白糖、鹽調成醬汁。
4 菠菜切段，加醬汁、核桃攪拌均勻即可。

核桃和芝麻醬搭配享用，別有風味。

顏色黃中有白、高腳大葉的白菜是高樁型白菜，
吃起來很甜，普通的食材、簡單的做法，就能成就一道道有滋味的料理。

五彩百合

材料 / Material Science
新鮮百合100克，西芹1根，紅蘿蔔1/2
根，熟花生1小把，乾黑木耳適量。

調味料 / Flavoring
香油、油、鹽各適量。

製作步驟
1 乾黑木耳用水浸泡2小時，撕成小朵。
2 將百合剝成小瓣，西芹、紅蘿蔔切成小
  丁。
3 鍋中加適量水，大火煮滾後，分別放入
  百合、西芹丁、紅蘿蔔丁汆燙，撈出過
  冷水。
4 將百合、西芹丁、紅蘿蔔丁放入容器
  中，加熟花生、香油、鹽攪拌均勻即
  可。

油潑白菜絲

材料 / Material Science
白菜梗5片，香菜適量。

調味料 / Flavoring
醬油、醋各1匙，蔥末、乾辣椒碎、花椒
粉、油、鹽各適量。

製作步驟
1 將白菜梗切成薄厚均勻的2片，然後切
  絲，擺在盤中。
2 將醬油、醋、鹽調成醬汁，淋入容器
  中。
3 將蔥末、花椒粉、乾辣椒碎依次撒在白
  菜絲上。
4 油鍋燒熱，將熱油潑在乾辣椒碎上，攪
  拌均勻即可。

新鮮百合適合涼拌，
乾百合適合燉煮。

注意食材的處理，新鮮的金針花一定要完全煮熟才行，因為新鮮的金針花是有毒的，曬乾之後，毒素就會被分解。

金針花拌雙絲

材料 / Material Science
乾金針花100克，黃瓜、紅蘿蔔各1/3根。

調味料 / Flavoring
蒜末、白糖、芥末油、香油、鹽各適量。

製作步驟

1 乾金針花除去兩頭，用溫水浸泡1小時左右。黃瓜、紅蘿蔔切絲，備用。
2 鍋中倒入適量水，大火煮滾後，分別放入紅蘿蔔絲、金針花汆燙至熟。
3 將紅蘿蔔絲、金針花撈出過冷水，瀝乾水分後，和黃瓜絲一起盛入容器中。
4 將蒜末、白糖、芥末油、香油、鹽調成醬汁，淋在材料上，攪拌均勻即可。

彩椒拌花生

材料 / Material Science
花生200克，黃椒、紅椒各半。

調味料 / Flavoring
陳醋、香油各1匙，八角、薑片、白糖、鹽各適量。

製作步驟

1 鍋中加水、八角、薑片、鹽、花生，中火煮熟。
2 撈出花生，挑掉八角、薑片，放涼。
3 彩椒切成小塊，備用。
4 將陳醋、香油、白糖、鹽調成醬汁，和彩椒塊、花生攪拌均勻即可。

花生不容易入味，可以將花生放入醬汁中浸泡10分鐘，再和彩椒塊涼拌。

第七章
熱菜

　　熱菜是最家常不過的菜餚，有的只是一個小炒，幾分鐘就能上桌；有的需要燜、煮、燉，但等待是值得的，可以將食物最原本的味道全部釋放出來。當熱菜和素食結合，就能創造許多美味等我們去發掘。

四喜烤麩

香菇

香菇具有高蛋白、低脂肪、多糖、多種氨基酸和多種維生素的營養特點。由於香菇中含有一般食物中比較少見的傘菌氨酸、口蘑酸等，故味道特別鮮美。香菇中含有普林、膽鹼、酪氨酸、氧化酶以及某些核酸物質，有降血壓、降膽固醇、降血脂的作用，又可預防動脈硬化、肝硬化等疾病。

材料 / Material Science

乾烤麩2片，乾香菇6朵，乾金針花、乾黑木耳、熟花生各1小把。

調味料 / Flavoring

生抽2匙，老抽1匙，白糖、香油、油、鹽各適量。

製作步驟：

第1步：乾金針花、乾黑木耳、乾香菇分別用水浸泡2小時，備用。

第2步：乾烤麩放入加鹽的滾水中，汆燙2分鐘，撈出過冷水，擠去水分，切成小塊。

第3步：金針花擠去水分，黑木耳撕成小朵，香菇切成小塊。

第4步：將生抽、老抽、白糖攪拌均勻，直至白糖溶化，調成醬汁。

第5步：油鍋燒熱，放入烤麩塊，煎至表面淺黃，撈出。鍋中放入黑木耳、香菇塊、金針花、熟花生，淋入醬汁，翻炒均勻。

第6步：鍋中放入適量水，加蓋，小火燜煮10分鐘。淋入香油，大火收汁即可。

如果時間充裕，可以將烤麩用水浸泡4小時以上，反覆沖洗、擠乾水分，這樣做既可以使烤麩充分泡開，也能減輕烤麩的澀味。醬汁可以先放一部分，嘗一嘗味道，以免一次加太多，使味道過濃。

每 100 克香菇所含的營養成分

營養成分	含量
脂肪	0.3 克
碳水化合物	1.9 克
蛋白質	2.2 克
膳食纖維	3.3 克
鈣	2 毫克
鐵	0.3 毫克

入口鮮甜，鹹香滋味，
就是一道完美的烤麩。

馬鈴薯是很家常的食材，簡單的做法更能表現出馬鈴薯天然的味道。
料理的時候不用放蒜末，也不用放醬油，只需一點蔥末爆香就能香味四溢。

糖醋蓮藕

材料 / Material Science
蓮藕1節。

調味料 / Flavoring
花椒粒、蔥末、白糖、醋、料酒、香油、
油、鹽各適量。

製作步驟

1 蓮藕去皮，切成薄片，用水沖洗乾淨。
2 油鍋燒熱，放入花椒粒，炸香後撈出花
　椒粒。
3 放入蔥末略煸，倒入藕片翻炒。放入料
　酒、鹽、白糖、醋，繼續翻炒。
4 待藕片熟透後，淋入香油即可。

原味馬鈴薯絲

材料 / Material Science
馬鈴薯2個。

調味料 / Flavoring
蔥末、油、鹽各適量。

製作步驟

1 馬鈴薯去皮，切成細絲，放入涼水中沖
　洗一下。
2 油鍋燒熱，放入蔥末爆香，然後放入馬
　鈴薯絲，中火翻炒。
3 待馬鈴薯絲變軟，鍋底有點黏鍋時，撒
　入適量鹽，翻炒均勻即可。

看起來清清爽爽，吃
起來酸酸甜甜。

清新的綠、素淨的白，做法簡單卻香氣四溢。
用心一點，素食也可以讓人垂涎欲滴。

西芹百合

材料 / Material Science
新鮮百合100克，西芹200克。

調味料 / Flavoring
蔥段、薑片、芡水、油、各適量。

製作步驟

1 新鮮百合剝成小瓣，備用。西芹切段，用開水汆燙，撈出。
2 油鍋燒熱，放入蔥段、薑片熗鍋，再放入西芹段、百合。
3 翻炒至熟，調入鹽、芡水，加一點勾芡即可。

三元及第

材料 / Material Science
A菜心200克，紅蘿蔔、白蘿蔔各100克。

調味料 / Flavoring
芡水、蔥段、薑片、香油、油、鹽各適量。

製作步驟

1 A菜心、紅蘿蔔、白蘿蔔去皮，洗淨，削成小球，用滾水燙熟，撈出。
2 油鍋燒熱，放入蔥段、薑片爆香，薑片炸至淺黃色時撈出。
3 鍋中加適量水，放入A菜心球、紅蘿蔔球、白蘿蔔球煮至沸騰，小火燜煮片刻，加入芡水拌炒，再加鹽、香油調味即可。

A菜心最好選頂端的部分，口感比較嫩，也沒有土腥味。

只有彩椒和玉米粒，加點油慢慢炒，只撒點鹽調味，
沒有花俏的配菜、沒有複雜的技巧，但五顏六色的，是最好的下飯菜。

素饌金花

材料 / Material Science

白花椰菜1顆，青椒、紅椒、乾辣椒各1/2個。

調味料 / Flavoring

蔥末、薑末、蒜末、油、鹽各適量。

製作步驟

1 青椒、紅椒切塊，乾辣椒切段。白花椰菜剝開，用鹽水中浸泡10分鐘。
2 油鍋燒熱，放入蔥末、薑末、蒜末、乾辣椒段爆香。
3 放入花椰菜，大火翻炒至顏色淡黃，放入青椒塊、紅椒塊，翻炒2分鐘。
4 加適量鹽調味，翻炒均勻即可。

彩椒炒玉米粒

材料 / Material Science

嫩玉米粒300克，紅椒、青椒各1個。

調味料 / Flavoring

白糖、油、鹽各適量。

製作步驟

1 紅椒、青椒去蒂，去籽，切成小塊。
2 油鍋燒熱，放入嫩玉米粒和鹽，翻炒3分鐘。
3 加適量水，再炒3分鐘，放入紅椒塊、青椒塊。
4 加適量白糖，翻炒均勻即可。

香辣中帶著一絲清甜，口感很奇異。

如果講究一點，可以把豆芽的尾部去掉，口感會更好。

事先燙過的豆芽炒起來口味更佳，並且要用大火快炒，炒的過程一般不超過2分鐘。

碧玉銀芽

材料 / Material Science
綠豆芽400克，韭菜100克，紅尖椒1個。

調味料 / Flavoring
蔥絲、薑絲、米酒、油、鹽各適量。

製作步驟
1 豆芽去掉根部的鬚，韭菜切段，紅尖椒切絲，備用。
2 油鍋燒熱，放入花椒粒，炸香後撈出花椒粒。
3 油鍋燒熱，放入蔥絲、薑絲爆香，然後放入綠豆芽、韭菜、紅尖椒絲翻炒。
4 淋入米酒、鹽，翻炒均勻即可。

冰糖藕片

材料 / Material Science
蓮藕1節，枸杞20克，鳳梨適量。

調味料 / Flavoring
冰糖適量。

製作步驟
1 蓮藕去皮，切成薄片。
2 枸杞用溫水浸泡10分鐘，備用。
3 鳳梨去皮，切成薄片，用淡鹽水浸泡5分鐘。
4 將新鮮蓮藕片、枸杞、鳳梨片、冰糖放入鍋中，加適量水，煮熟即可。

將鳳梨放入淡鹽水中浸泡，可以去除澀味，吃的時候會很清甜。

桂花糯米藕雖然製作方法很簡單，但是需要花點時間，
只要有耐心都能做好，不論是熱吃或是涼吃都很棒。

素燒三寶

材料 / Material Science
山藥、A菜心各250克，紅蘿蔔50克。

調味料 / Flavoring
白醋、油、鹽各適量。

製作步驟

1 山藥、A菜心、紅蘿蔔去皮，切塊，備用。
2 鍋中倒入適量水，大火煮滾，放入山藥塊、A菜心塊、紅蘿蔔塊，汆燙2分鐘，撈出。
3 油鍋燒熱，放入山藥塊、A菜心塊、紅蘿蔔塊，不停翻炒。
4 加適量鹽調味，翻炒均勻即可。

桂花糯米藕

材料 / Material Science
蓮藕1節，糯米50克。

調味料 / Flavoring
麥芽糖、冰糖、糖桂花各適量。

製作步驟

1 糯米淘洗乾淨，用水浸泡2小時，撈出瀝乾。
2 蓮藕刮去表皮，切去蓮藕的一頭約3公分當作蓋子，將糯米塞入蓮藕孔。
3 將切下的蓮藕蓋封上，用牙籤固定，放入鍋中，加水淹過蓮藕。
4 放入麥芽糖，大火煮滾後，轉小火煮1小時。出鍋前放入冰糖、糖桂花，取出切片即可。

儘量將山藥、A菜心、紅蘿蔔切成大小一致的塊狀，口感差異小。

紅腐乳又稱南乳，帶有些許酒香，非常下飯。其中的維生素B群含量很豐富，常吃能補充維生素B$_{12}$，特別適合素食者食用。

栗子扒白菜

材料 / Material Science
白菜心200克，栗子100克。

調味料 / Flavoring
蔥末、薑末、芡水、油、鹽各適量。

製作步驟

1 栗子放入鍋中，煮熟，撈出、去殼，備用。
2 白菜心切成小片，備用。
3 油鍋燒熱，放入蔥末、薑末炒香。
4 放入白菜心片與栗子，翻炒出香味後，用芡水勾芡，加鹽調味即可。

南乳捲

材料 / Material Science
麵粉500克，紅腐乳3塊。

調味料 / Flavoring
蔥末、酵母、泡打粉、油、鹽各適量。

製作步驟

1 麵粉加酵母、泡打粉，加水揉成麵團，發酵2小時左右。
2 紅腐乳碾碎，和蔥末一起攪拌均勻。
3 將發酵好的麵團擀成大薄片，抹上蔥末豆腐乳醬。
4 將麵團捲成粗條狀，切成段，用蒸籠蒸熟即可。

南乳捲小巧可愛，味道也很不錯。

什錦蔬菜捲

馬鈴薯

馬鈴薯中的蛋白質最接近動物蛋白，還含有豐富的離胺酸和色胺酸，是一般糧食比不上的。和白米相比，馬鈴薯所產生的熱量較低，並且只含有0.1%的脂肪。如果把馬鈴薯當作主食，每日堅持有一餐只吃馬鈴薯，對減去多餘脂肪會很有效。

材料 / Material Science

馬鈴薯1個，黃瓜、紅蘿蔔1/2根，玉米粒、青豆各1小把，油豆皮適量。

調味料 / Flavoring

油、鹽各適量。

製作步驟：

第1步：馬鈴薯去皮，切成小塊，滾水入蒸鍋，大火蒸15分鐘。將馬鈴薯塊趁熱碾成泥狀，加鹽攪拌均勻。

第2步：將油豆皮放入水中，浸泡10分鐘，撈出瀝乾。切成10公分見方的小方塊，備用。

第3步：黃瓜去皮切丁，放入滾水中汆燙30秒，撈出。

第4步：紅蘿蔔去皮切丁，和玉米粒、青豆一同放入滾水中，煮3分鐘，撈出，和黃瓜丁、馬鈴薯泥攪拌均勻，製成餡料。

第5步：將餡料鋪在油豆皮塊上，依次折角，包好菜捲，在需要黏合的部分抹一點馬鈴薯泥。

第6步：油鍋燒熱，放入菜捲，小火煎2分鐘，盛出擺盤。

這樣做更有味 Tips

馬鈴薯最好搗成泥狀，這樣使蔬菜捲不容易散開，還能用來黏合油豆皮。吃的時候可以沾點生抽或陳醋，還可以根據個人喜好沾壽司醋和芥末，別有風味。

每 100 克馬鈴薯所含的營養成分

營養成分	含量
碳水化合物	17.2 克
蛋白質	2 克
膳食纖維	0.7 克
鈣	8 毫克
鐵	0.8 毫克
維生素 C	27 毫克

包裹起來的馬鈴薯泥，
每一口都軟綿清香。

春筍的味道比較清淡，加上豆豉後，不僅風味濃厚，
還能減輕澀味，可謂一舉兩得。

豉香春筍

材料 / Material Science
春筍300克，紅椒、青椒各1個。

調味料 / Flavoring
豆豉、生抽各1匙，蔥末、蒜末、米酒、
香油、油、鹽各適量。

製作步驟
1 春筍去皮，切成細絲。紅椒、青椒去
　 蒂，去籽，切成細絲。
2 油鍋燒熱，放入蒜末、豆豉、生抽爆
　 香，翻炒片刻。
3 放入春筍絲、紅椒絲、青椒絲，大火翻
　 炒5分鐘。
4 倒入香油、米酒、鹽，翻炒均勻後盛
　 盤，撒上蔥末即可。

油燜茭白筍

材料 / Material Science
茭白筍4根。

調味料 / Flavoring
生抽、老抽、油各1大匙，香油1匙，白
糖、鹽各適量。

製作步驟
1 茭白筍去皮，除去老根，切成滾刀塊。
2 油鍋燒熱，放入茭白筍塊，小火翻炒至
　 茭白筍塊表面變黃。倒入生抽、老抽、
　 白糖、鹽，翻炒均勻。
3 倒入適量水，大火煮滾後，加蓋，轉小
　 火繼續熬煮5~8分鐘。
4 開蓋，大火收汁，淋入香油即可。

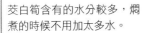

茭白筍含有的水分較多，燜
煮的時候不用加太多水。

筍一年四季皆有，但唯有春筍、冬筍味道最佳。
烹調時無論是涼拌、煎炒還是熬湯，都鮮嫩清香。

麻油筍乾

材料 / Material Science
筍乾200克。

調味料 / Flavoring
乾紅辣椒1個，生抽1匙，香醋2匙，薑絲、花椒粒、油、鹽各適量。

製作步驟

1 筍乾放入水中，用水浸泡12小時後，沖洗幾遍。將筍乾放入鍋中，大火煮15分鐘左右，撈出放涼。
2 將筍乾切成細絲，放入容器中。乾紅辣椒切絲。
3 油鍋燒熱，放入花椒粒、乾辣椒絲小火炒香，將熱油淋在筍乾絲上，挑掉花椒粒。將薑絲、生抽、香醋淋入容器中，攪拌均勻即可。

油烹茄子

材料 / Material Science
茄子200克，紅蘿蔔100克。

調味料 / Flavoring
蔥絲、薑絲、蒜片、芡水、白糖、醋、醬油、油、鹽各適量。

製作步驟

1 茄子去皮切塊，加適量芡水抓勻。
2 紅蘿蔔切絲，備用。
3 油鍋燒熱，把茄塊炸至金黃色，撈出瀝油。
4 鍋中留適量油，放蔥絲、薑絲、蒜片、紅蘿蔔絲、茄塊翻炒，加醬油、醋、白糖、鹽調味即可。

芡水中可以加些黑胡椒粉，會有烤茄子的感覺。

拔絲香蕉外脆內嫩，甜糯可口，色澤淺黃微亮，質地柔軟鮮嫩，
吃的時後沾水拔絲，香甜可口沁心。

炒紅薯泥

材料 / Material Science
紅薯2個。

調味料 / Flavoring
白糖、油各適量。

製作步驟

1 紅薯不用去皮，放入熱蒸鍋中蒸熟。

2 趁熱將紅薯去皮，搗成泥狀，加白糖調味。

3 油鍋燒熱，晃動炒鍋，使油均勻鋪滿鍋底，防止紅薯泥黏鍋。

4 倒入紅薯泥，快速翻炒，待紅薯泥翻炒至變色即可。

拔絲香蕉

材料 / Material Science
香蕉3根，麵粉適量。

調味料 / Flavoring
白糖、麥芽糖、油各適量。

製作步驟

1 香蕉去皮，切成小塊。將麵粉加適量水攪拌均勻，製成麵糊，均勻裹在香蕉塊上。

2 將白糖、麥芽糖和適量水放入鍋中，小火熬煮。

3 待白糖溶化、糖漿呈黃色時，關火，倒入容器中。

4 油鍋燒熱，放入香蕉塊，小火煎至顏色淺黃，放入糖漿中，攪拌均勻即可。

紅薯中含有維生素B群和亞油酸，有助於素食者營養均衡。

松子玉米中的玉米一般是用新鮮玉米，味道比較清甜。
如果是超市中冷藏的玉米，需要先解凍再烹飪。

松子玉米

材料 / Material Science
玉米粒300克，松子100克，紅蘿蔔1/2根，豌豆1小把。

調味料 / Flavoring
蔥末、油、鹽各適量。

製作步驟

1 紅蘿蔔去皮，切丁。

2 鍋中水大火煮滾，放入豌豆粒和適量鹽，煮8分鐘，撈出。放入玉米粒，煮3分鐘，撈出。

3 油鍋燒熱，放入蔥末爆香，然後放入紅蘿蔔丁，翻炒幾下。

4 放入玉米粒、豌豆，翻炒出香味後，放入松子、鹽，翻炒均勻即可。

荷塘小炒

材料 / Material Science
蓮藕1節，紅蘿蔔1/2根，荷蘭豆50克，乾黑木耳、新鮮百合各1小把。

調味料 / Flavoring
蒜片、油、鹽各適量。

製作步驟

1 乾黑木耳用水浸泡4小時，撕成小朵。新鮮百合剝成小瓣，荷蘭豆切段，備用。

2 紅蘿蔔去皮，切成菱形片。

3 蓮藕去皮，切成薄片，放入滾水中汆燙1分鐘，撈出，用水沖洗幾遍。

4 油鍋燒熱，放入蒜片爆香，然後放入以上材料，大火翻炒，加鹽調味即可。

藕片汆燙後要迅速放入水中，不然會很快變色，影響美觀。

山藥滋補煲

山藥

山藥所含的澱粉酶能夠分解澱粉，胃脹時食用，有促進消化的作用，可以消除不適症狀，有利於改善脾胃消化吸收功能，是一味平補脾胃的藥食兩用佳品。山藥含有黏蛋白、澱粉酶、皂素、游離氨基酸、多酚氧化酶等物質，且含量較為豐富，具有滋補作用。

材料 / Material Science

鐵棍山藥200克，荸薺8個，蓮藕1節，枸杞適量。

調味料 / Flavoring

薑片、白糖、油、鹽各適量。

製作步驟：

第1步：山藥去掉表面的鬚，將白醋和適量水倒入盆中，放入山藥，浸泡3分鐘。

第2步：山藥去皮，切成小塊，放入滾水中煮5分鐘，撈出。

第3步：枸杞用溫水浸泡10分鐘，備用。

第4步：蓮藕、荸薺去皮，切丁，分別放入滾水中汆燙3分鐘，撈出。

第5步：油鍋燒熱，放入薑片、山藥塊、蓮藕丁，翻炒2分鐘。

第6步：放入荸薺丁、白糖、枸杞，翻炒均勻後加鹽調味即可。

這樣做更有味 Tips

選擇鐵棍山藥是因為口感比較好，翻炒的時候不會很黏。清洗山藥的時候可以加白醋，減少山藥對皮膚的刺激，避免引起過敏。山藥切塊後，如果要處理其他材料，也可以放入加白醋的水中，這樣不會變黑。

每 100 克山藥所含的營養成分

營養成分	含量
脂肪	0.2 克
碳水化合物	12.4 克
蛋白質	1.9 克
膳食纖維	0.8 克
鈣	16 毫克
鐵	0.3 毫克

一道山藥滋補煲能兼顧美味與
養生，是素食的優選。

根據自己的口味，決定炒豆豉放辣椒的量。
鹽可以不用加，因為豆豉本身就有鹹味。

詩禮銀杏

材料 / Material Science
銀杏200克、枸杞、麵粉各適量。

調味料 / Flavoring
白糖1匙，檸檬汁、油各適量。

製作步驟

1 將銀杏、白糖放入盤中，上鍋蒸10分
  鐘，取出。枸杞用溫水浸泡10分鐘，備
  用。
2 將適量麵粉放入盤中，使銀杏均勻裹滿
  麵粉。
3 油鍋燒熱，放入銀杏，大火炸至顏色淺
  黃，撈出瀝油。
4 淋入檸檬汁，攪拌均勻即可。

豆豉蒸南瓜

材料 / Material Science
南瓜300克。

調味料 / Flavoring
豆豉1大匙，乾辣椒碎、油、鹽各適量。

製作步驟

1 南瓜去皮去瓤，切塊，放入盤中。
2 蒸鍋中倒入適量水，大火煮滾。
3 將南瓜塊放入蒸鍋中，轉小火蒸10分
  鐘。
4 另起鍋，油鍋燒熱，放入豆豉、乾辣椒
  碎，大火炒香，將豆豉倒在南瓜塊上即
  可。

銀杏要大火翻炒，時間
太長，味道就會變得很
苦澀。

選材中西合璧，用水生植物茭白筍，搭配防癌明星蔬菜蘆筍。一瑩白一碧綠，
用最簡單的清炒方式來烹調，不油膩，口感清爽脆嫩。

剁椒藕丁

材料 / Material Science
蓮藕2節。

調味料 / Flavoring
剁椒1大匙，花椒粒、蔥段、薑片、油、
鹽各適量。

製作步驟

1 蓮藕、紅蘿蔔去皮，切成小丁。
2 將藕丁放入水中浸泡，備用。
3 冷鍋冷油，放入花椒粒炒香，然後放入
　蔥段、薑片翻炒。
4 放入剁椒，翻炒出香味後，放入藕丁翻
　炒，加鹽調味即可。

清炒茭白蘆筍

材料 / Material Science
蘆筍300克，茭白筍2根。

調味料 / Flavoring
薑片、芡水、油、鹽各適量。

製作步驟

1 蘆筍放入淡鹽水中浸泡10分鐘，除去根
　部的粗皮，切段。
2 茭白筍剝去外面的皮，切成長條。
3 油鍋燒熱，放入薑片爆香，然後放入蘆
　筍段，翻炒幾下。
4 放入茭白筍條，直至茭白筍條變色，加
　鹽、芡水，翻炒片刻即可。

不要放生抽，不然茭白筍顏色會變
得很深，沒有清爽的感覺。

變換馬鈴薯和芋頭的烹調手法，
就會使很普通的食材成為餐桌上的焦點。

老奶洋芋

材料 / Material Science
馬鈴薯200克，香菜末適量。

調味料 / Flavoring
蔥段、蔥末、黑胡椒粉、油、鹽各適量。

製作步驟

1 馬鈴薯不用去皮，放入鍋中，大火煮熟
　後放入冷水中浸泡幾分鐘，去皮切塊。
2 將馬鈴薯塊搗成泥，加入黑胡椒粉、
　鹽。
3 油鍋燒熱，放入蔥段爆香，撈出。
4 放入馬鈴薯泥，翻炒均勻後盛出，撒上
　蔥末、香菜末即可。

腐乳燒芋頭

材料 / Material Science
芋頭500克，紅腐乳3塊。

調味料 / Flavoring
蔥末、蒜末、醬油、胡椒粉、白糖、芡
水、油、鹽各適量。

製作步驟

1 芋頭去皮切塊，放入油鍋中炸至起皺，
　撈出瀝油。
2 紅腐乳碾碎，加蔥末、蒜末、醬油、胡
　椒粉、白糖、鹽攪拌均勻，淋在芋頭
　上。
3 另起鍋，倒入適量水，大火煮滾。將芋
　頭放入盤中，上鍋蒸10分鐘，取出。
4 用芡水勾芡，淋在芋頭上即可。

黑胡椒粉的味道滲透
在馬鈴薯泥中，味道
獨特。

茶樹菇是高血壓、心血管和肥胖症患者的理想食物，味道鮮美，脆嫩可口，
又具有較好的保健作用，是美味珍稀的食用菌菇之一。

紅燒腐竹茶樹菇

材料 / Material Science
腐竹200克，乾茶樹菇100克。

調味料 / Flavoring
郫縣豆瓣醬、醬油各2匙，老抽、黃冰
糖、乾辣椒碎、白糖、油、鹽各適量。

製作步驟

1 腐竹、乾茶樹菇分別用溫水浸泡，切成
  小段。
2 油鍋燒熱，加入適量的豆瓣醬、茶樹菇
  段、乾辣椒碎、鹽、白糖炒勻。
3 加入腐竹段繼續翻炒，然後淋入醬油，
  倒入適量水，大火煮3分鐘。
4 轉小火，放入黃冰糖和老抽，加蓋，熬
  至湯汁快乾即可。

金湯竹笙

材料 / Material Science
乾竹笙4根，蘆筍200克，南瓜100克。

調味料 / Flavoring
蔬菜高湯2大匙，芡水、油、鹽各適量。

製作步驟

1 竹笙用水浸泡10分鐘，泡至發軟，切
  段。南瓜去皮去瓤，切塊，大火蒸熟後
  碾成泥狀。蘆筍用鹽水浸泡5分鐘，除
  去根部的粗皮。
2 鍋中倒入蔬菜高湯，放入蘆筍，汆燙2
  分鐘，撈出，擺盤。
3 將竹笙段放入鍋中煮5分鐘，取出。
4 油鍋燒熱，放入南瓜泥煸炒，倒入蔬菜
  高湯，大火煮滾後再煮2分鐘，加鹽、
  芡水製成金湯，淋入盤中即可。

蘆筍最有營養的部分就是筍尖，用
鹽水浸泡幾分鐘就可以殺菌。

豆皮素菜捲

重點介紹

黑木耳

黑木耳中的多糖體能分解腫瘤，所以能提高人的免疫力，具有很好的抗癌作用。而這種多糖體也具有疏通血管、清除血管中膽固醇的作用，所以可以降血糖、降血脂、防止血栓形成，預防腦血管疾病發生。

材料 / Material Science

豆皮300克，香菇100克，紅椒1個，乾黑木耳適量。

調味料 / Flavoring

蔥末、醬油、白糖、芡水、油、鹽各適量。

製作步驟：

第1步：黑木耳用水浸泡2小時，切絲。

第2步：香菇用溫水浸泡20分鐘，切絲。

第3步：紅椒切絲，備用。

第4步：將豆皮平鋪在砧板上，均勻鋪上黑木耳絲、香菇絲、紅椒絲，捲起。

第5步：將豆皮捲擺盤，放入鍋中蒸5分鐘。

第6步：油鍋燒熱，爆香蔥末，加醬油、白糖、鹽、水煮滾，用芡水勾芡，淋在豆皮捲上即可。

每 100 克黑木耳 (乾) 所含的營養成分

成分	含量
脂肪	1.5 克
碳水化合物	35.7 克
蛋白質	12.1 克
胡蘿蔔素	100 微克
鈣	247 毫克
鐵	97.4 毫克

除了食材新鮮，素食也
可以補充大量營養。

第八章
羹湯

　　素食總能帶給人一種幸福感，樸實而動人。燉湯的時候，湯汁在鍋中不停翻滾，咕嚕咕嚕冒泡的聲音非常動聽，讓人覺得溫馨。為我們愛的人洗手做羹湯，幸福就是如此簡單。

猴頭菇桂圓湯

猴頭菇

猴頭菇是較少見的菌類，也是一種名貴的食用菌菇，列為八大山珍之一。猴頭菇有很好的食用功效，具有營養與藥用的結合。猴頭菇可以增進食欲，增強胃黏膜屏障機能，提高淋巴細胞轉化率，提升白細胞等，增強人體免疫力。

材料 / Material Science

猴頭菇2個，乾香菇4朵，乾桂圓4顆，紅棗、綠豆芽、鹽各適量。

調味料 / Flavoring

鹽適量。

製作步驟：

第1步：猴頭菇用水浸泡12小時，中間多換幾次水。將泡好的猴頭菇擠乾水分，再次放入水中，直至中間沒有硬芯。剪掉猴頭菇的根部，撕成小朵。

第2步：乾香菇用溫水浸泡20分鐘，沖洗幾次後，在表面切十字花刀。

第3步：將猴頭菇、乾香菇、紅棗、乾桂圓放入鍋中，倒入適量水，大火煮滾。

第4步：放入綠豆芽，再煮20分鐘，加鹽調味即可。

這樣做更有味

猴頭菇很耐泡，所以要提前準備好。泡發的過程中要多換幾次水，泡好後，重複擠乾水分、浸泡，可以減輕苦味。桂圓是補氣養血的佳品，但性熱，吃多了容易流鼻血，尤其是天氣比較乾燥的時候，要注意用量。

每 100 克猴頭菇（乾）所含的營養成分

成分	含量
脂肪	1.2 克
碳水化合物	1.9 克
蛋白	2 克
維生素 C	4 毫克
鈣	19 毫克
鐵	1.8 毫克

養陰益氣、益胃健脾的一碗好湯。

紅棗是補血佳品，特別適合女性食用。
一碗暖心又暖胃的湯，整個冬季都可以食用。

冬瓜陳皮湯

材料 / Material Science
冬瓜200克，香菇5朵，陳皮適量。

調味料 / Flavoring
香油、鹽各適量。

製作步驟
1 冬瓜洗淨，切塊。陳皮用溫水浸泡5分
　鐘，切成長條。
2 香菇去蒂，用溫水浸泡10分鐘，撈出。
3 將冬瓜塊、陳皮條和香菇放入鍋中，倒
　入適量水，大火煮滾。
4 轉小火再燉1小時，加鹽調味即可。

紅棗薏仁百合湯

材料 / Material Science
紅棗5顆，薏仁100克，新鮮百合20克。

調味料 / Flavoring
蜂蜜適量。

製作步驟
1 薏仁用水浸泡4小時。
2 紅棗去核，新鮮百合剝成小瓣。
3 將薏仁放入鍋中，倒入適量水，大火煮
　滾後轉小火煲1小時。
4 放入百合和紅棗，再煮5分鐘即可。
5 可加適量蜂蜜調味。

由於這道湯燉煮的時
間比較長，所以水量
要足夠。

杏仁有甜杏仁、苦杏仁之分。甜杏仁常用於烘焙、羹湯；
而苦杏仁常用於中藥製劑。甜杏仁大而扁，可以生吃；苦杏仁較小，不能生吃。

百合蓮藕湯

材料 / Material Science
蓮藕100克，新鮮百合30克，甜杏仁適量。

調味料 / Flavoring
白糖適量。

製作步驟
1 新鮮百合剝成小瓣，備用。
2 蓮藕去皮，切成薄片。
3 將蓮藕片和甜杏仁放入鍋中，倒入適量水，大火煮滾。
4 放入百合，小火再煮30分鐘，加白糖調味即可。

無花果蘑菇湯

材料 / Material Science
乾無花果、蘑菇各50克。

調味料 / Flavoring
薑片、蒜片、鹽各適量。

製作步驟
1 無花果放入水中，浸泡3分鐘，撈出。
2 蘑菇用溫水浸泡20分鐘，撈出，多沖洗幾遍，切片。
3 將無花果、蘑菇片、薑片、蒜片放入鍋中，倒入適量水，大火煮滾。
4 轉小火再煮30分鐘，加鹽調味即可。

這道湯不需要加其他調味料，慢慢燉出香味就很美味。

白木耳潤肺，花生補血；白木耳美容潤膚，花生強健脾胃。

一起燉湯，營養美容滋補效果佳。

菠菜山藥湯

材料 / Material Science
菠菜200克，山藥50克，枸杞適量。

調味料 / Flavoring
蔥段、薑片、香油、鹽各適量。

製作步驟

1 山藥去皮，切成薄片。菠菜去根，除去老葉。枸杞用溫水浸泡10分鐘。

2 將山藥片、薑片放入鍋中，倒入適量水，大火煮滾。

3 轉小火煮30分鐘，放入菠菜、蔥段。

4 再煮3分鐘，加枸杞、香油、鹽調味即可。

銀耳花生湯

材料 / Material Science
白木耳15克，花生100克，紅棗10顆，蜜棗5顆。

調味料 / Flavoring
白糖適量。

製作步驟

1 白木耳用溫水浸泡20分鐘，紅棗去核，備用。

2 鍋中放入適量水，大火煮滾。

3 放入花生、紅棗，煮8分鐘。

4 放入白木耳、蜜棗，加白糖調味即可。

菠菜補鐵，長期素食者可多吃點。

酸菜冬粉湯裡用到的酸菜是北方的酸菜，是由白菜醃製而成的，
做法很簡單，吃起來酸爽無比。

酸菜冬粉湯

材料 / Material Science
酸菜200克，馬鈴薯1個，冬粉1小把。

調味料 / Flavoring
蔥段、油、鹽各適量。

製作步驟

1 酸菜切成細絲，用熱水浸泡20分鐘，撈
　出，擠出水分。馬鈴薯去皮，切絲。
2 油鍋燒熱，放入蔥段爆香，然後放入
　酸菜絲翻炒。放入馬鈴薯絲，翻炒2分
　鐘。
3 倒入適量水，淹過酸菜絲4公分左右，
　大火煮滾。
4 放入冬粉，用筷子不停攪拌，煮至冬粉
　熟透，加鹽調味即可。

蔬菜疙瘩湯

材料 / Material Science
麵粉100克，番茄1個。

調味料 / Flavoring
蔥末、薑片、醋、香油、鹽各適量。

製作步驟

1 番茄切成小塊，備用。
2 將麵粉放入盆中，倒入適量水，用筷子
　拌成麵疙瘩。
3 將番茄塊、薑片放入鍋中，倒入適量
　水，大火煮滾。
4 放入麵疙瘩，不停攪拌，再次煮滾後，
　放入蔥末、醋和鹽，淋上香油即可。

將麵疙瘩倒入鍋中的時候，要不停
攪拌，避免剛下鍋的麵疙瘩黏在
一起。

金針花營養豐富，新鮮的有毒，曬乾了食用比較安全。
乾金針花顏色暗黃，兩頭有點發黑，是很自然的顏色。

白蘿蔔秀珍菇湯

材料 / Material Science
白蘿蔔1根，秀珍菇50克。

調味料 / Flavoring
桂皮1段，蔥段、香油、鹽各適量。

製作步驟

1 白蘿蔔去皮，切片。
2 秀珍菇撕成長條，備用。
3 將白蘿蔔片、秀珍菇條、桂皮放入鍋中，倒入適量水，大火煮滾。
4 轉小火再煮20分鐘，加蔥段、香油、鹽調味即可。

金針花黑木耳湯

材料 / Material Science
乾金針花30克，乾黑木耳10克。

調味料 / Flavoring
香油、鹽各適量。

製作步驟

1 乾黑木耳用水浸泡2小時，撕成小朵。
2 乾金針花用熱水浸泡20分鐘。
3 將金針花和木耳放入鍋中，倒入適量水，大火煮滾。
4 轉小火再煮30分鐘，淋上香油，加鹽調味即可。

白蘿蔔味道比較清淡，加桂皮調味，會有意想不到的效果。

烤地瓜是很多人的最愛，不過，烤地瓜並不容易消化，
而煮的地瓜較好消化，做法也方便，搭配起來有更多選擇。

地瓜花生湯

材料 / Material Science
地瓜1個，花生、紅棗各適量。

調味料 / Flavoring
鹽適量。

製作步驟

1 花生用水浸泡30分鐘，備用。
2 地瓜去皮，切成略粗的長條。
3 鍋中放入花生、地瓜條、紅棗，加水淹
　過2公分。
4 小火煮至地瓜條變軟，加鹽調味即可。

蓮子白木耳湯

材料 / Material Science
蓮子、桂圓各30克，紅棗10顆，白木耳
20克。

調味料 / Flavoring
白糖適量。

製作步驟

1 蓮子、白木耳分別用溫水浸泡1小時，
　備用。
2 枸杞用溫水浸泡10分鐘，備用。
3 白木耳撕成小朵，紅棗去核，備用。
4 將蓮子、桂圓、紅棗、白木耳放入鍋
　中，倒入適量水，大火煮滾。
5 轉小火再煮1小時，加白糖調味即可。

這道蓮子白木耳湯能潤肺清熱，最
適合秋天食用。加點冰糖，口感
更好。

百合銀耳蓮子羹

重點介紹

白木耳

白木耳既有補脾開胃的功效，又有益氣清腸、滋陰潤肺的作用。除了能增強人體免疫力，也可以提高腫瘤患者對放療和化療的耐受力。白木耳富有天然植物性膠質，還具有滋陰的作用，是可以長期服用的良好潤膚食物。

這樣做更有味 Tips

枸杞不要放得太早，不然會煮破，會有酸澀的味道，影響口感。這道羹湯熬煮的時間並不長，40分鐘左右就可以了，想要白木耳黏稠軟綿一點，就要多煮一段時間。

材料 / Material Science

乾百合15克，白木耳5克，蓮子50克，枸杞適量。

調味料 / Flavoring

冰糖適量。

製作步驟：

第1步：將乾百合、白木耳、蓮子、枸杞分別放在溫水中泡20分鐘，備用。

第2步：白木耳撕成小朵，備用。

第3步：鍋中放入適量水，加百合、白木耳、蓮子煮滾。

第4步：放入冰糖，煮至蓮子熟軟，放入枸杞，稍煮片刻即可。

每 100 克白木耳 (乾) 所含的營養成分

營養成分	含量
脂肪	1.4 克
碳水化合物	36.9 克
蛋白質	10 克
胡蘿蔔素	50 微克
鈣	36 毫克
鐵	1.1 毫克

每週吃兩次百合銀耳蓮子羹，
皮膚會變得很滋潤。

苦瓜的苦味主要來自於白色的瓤,但吃的時候也不要完全去掉,否則會損失營養。
苦瓜是很好的涼性食材,能清熱解毒,適合在夏季食用。

山藥荔枝湯

材料 / Material Science
山藥100克,荔枝10顆。

調味料 / Flavoring
紅糖適量。

製作步驟
1 山藥去皮,切片。
2 荔枝剝皮,去核取肉。
3 將山藥片和荔枝肉放入鍋中,倒入適量水,大火煮滾。
4 轉小火煲1小時,加紅糖調味即可。

苦瓜豆腐湯

材料 / Material Science
苦瓜1根,豆腐300克。

調味料 / Flavoring
香油、芡水、鹽各適量。

製作步驟
1 苦瓜去籽,切條,用開水汆燙1分鐘,撈出。
2 豆腐切成小片,備用。
3 將苦瓜條和豆腐片放入砂鍋中,加入適量清水,大火煮滾。
4 轉小火煲20分鐘,加鹽調味,用芡水勾薄芡,淋上香油即可。

荔枝對大腦有滋補作用,能明顯改善失眠、疲倦等症狀。

如果手邊沒有新鮮荷葉，可以用乾荷葉代替。但是要注意，製作前應將乾荷葉放入水中浸泡 2 小時，然後煮滾、過濾。這樣做可以降低乾荷葉中的雜質，做出的湯品顏色比較透亮。

冬瓜荷葉薏仁湯

材料 / Material Science
冬瓜300克，新鮮荷葉1片，四季豆、薏仁各50克，枸杞10克。

調味料 / Flavoring
薑片、鹽各適量。

製作步驟

1 薏仁用水浸泡4小時。冬瓜洗淨，切成薄片。
2 四季豆切段，新鮮荷葉切絲。
3 將冬瓜片、荷葉絲、四季豆段、薏仁、枸杞和薑片放入鍋中，倒入適量水。
4 大火煮滾後，轉小火再煮1小時，加鹽調味即可。

紫薯銀耳羹

材料 / Material Science
白木耳10克，紫薯1個。

調味料 / Flavoring
冰糖適量。

製作步驟

1 白木耳用溫水浸泡20分鐘，撕成小朵。
2 鍋中放入適量水，大火煮滾，放入紫薯，蒸20分鐘。紫薯去皮，趁熱搗成泥狀。
3 另起鍋，倒入適量水，放入白木耳，大火煮滾後再煮30分鐘。
4 放入冰糖，燉煮10分鐘，直至冰糖完全融化。倒入紫薯泥，攪拌均勻即可。

紫薯的含糖量比較高，冰糖可根據個人喜好增減。

喜歡素食料理的你，怎麼可以錯過這一道經典的翡翠羹呢？
豆腐和小白菜完美結合，蕩漾著翠鮮的滋味。

翡翠羹

材料 / Material Science
豆腐1塊，小白菜適量。

調味料 / Flavoring
澱粉1匙，蔥末、油、鹽、蔬菜素高湯各適量。

製作步驟

1 小白菜去根，剁成碎末。
2 豆腐切成小丁，放入滾水中汆燙1分鐘，撈出。
3 油鍋燒熱，放入蔥末爆香，放入小白菜碎翻炒。
4 倒入蔬菜素高湯，放入豆腐丁，用澱粉勾芡，煮至湯汁黏稠，加鹽即可。

蘋果玉米羹

材料 / Material Science
蘋果1顆，玉米粉2大匙。

調味料 / Flavoring
冰糖適量。

製作步驟

1 蘋果去皮，切成小丁。
2 將玉米粉放入容器中，倒入適量水，調成糊狀。
3 將蘋果丁、冰糖放入鍋中，倒入適量水，大火煮10分鐘。
4 倒入玉米粉糊，不停攪拌。小火煮3分鐘後，即可食用。

小白菜味道清新，做出來的羹湯顏色翠綠，讓人很有食欲。

南瓜是調和脾胃的好食材，和綠豆搭配食用，就是夏天消暑的美食。

老南瓜味道更甜、更潤口；嫩南瓜不用煮太長時間，20分鐘就夠了。

綠豆南瓜羹

材料 / Material Science

綠豆100克，南瓜50克。

調味料 / Flavoring

鹽適量。

製作步驟

1 綠豆用水浸泡4小時。南瓜去皮去瓤，切成2公分的方塊。
2 鍋中倒入適量水，大火煮滾後，放入綠豆煮3~5分鐘。
3 放入南瓜塊，加蓋，轉中火煮30分鐘。
4 待綠豆、南瓜爛熟，加鹽調味即可。

櫻桃銀耳羹

材料 / Material Science

白木耳10克，櫻桃、草莓、核桃各適量。

調味料 / Flavoring

冰糖、澱粉各適量。

製作步驟

1 白木耳用溫水浸泡20分鐘，切碎。櫻桃、草莓放入淡鹽水中，浸泡10分鐘。
2 將白木耳放入鍋中，倒入適量水，大火煮滾。
3 轉小火煮30分鐘，放入冰糖、澱粉，稍煮片刻。
4 草莓對半切開，和櫻桃、核桃一起放入鍋中，煮開後放涼即可。

難抵這一碗羹的誘惑，是下午茶的首選。

薄荷性涼、味辛，有疏風、散熱、利咽喉的功效。《本草綱目》中說：
「薄荷，辛能發散，涼能清利，專於消風散熱。」

玉米燕麥羹

材料 / Material Science
新鮮玉米粒200克，荸薺6個，燕麥片
適量。

調味料 / Flavoring
白糖適量。

製作步驟

1 荸薺去皮，切成小丁，放入鍋中煮一
　下。
2 鍋中放入適量水，大火煮滾，放入玉米
　粒，煮5分鐘，撈出。
3 將玉米粒放入豆漿機中，加水至上下水
　位線之間，攪打成玉米蓉。
4 將玉米蓉、燕麥片放入鍋中，中火熬煮
　至湯汁黏稠，放入白糖、荸薺丁，攪拌
　均勻即可。

薄荷豆腐湯

材料 / Material Science
新鮮薄荷20克，豆腐200克。

調味料 / Flavoring
花生油、鹽各適量。

製作步驟

1 新鮮薄荷用水沖洗乾淨。
2 豆腐切成小塊。
3 將薄荷和豆腐塊放入鍋中，加入適量
　水，大火煮滾。
4 轉小火煮20分鐘，加鹽調味，淋上花生
　油即可。

荸薺容易附著細菌、寄生蟲，生食
可能會引起腹瀉，最好是洗淨煮熟
後再食用。

黃桃要挑摸起來比較硬的，這樣容易削皮，
觸感比較軟的黃桃容易煮爛。

黃桃糖水

材料 / Material Science
黃桃500克。

調味料 / Flavoring
冰糖100克，檸檬汁、鹽各1小匙。

製作步驟

1 黃桃去皮，切成小塊。
2 鍋中放入白糖、檸檬汁、鹽，攪拌均
　匀。
3 放入黃桃塊，大火煮滾，放涼。
4 將放涼的黃桃塊和糖水放入無水無油的
　容器中，加蓋，放入冰箱冷藏即可。

香滑鮮果羹

材料 / Material Science
藕粉30克，蘋果1顆，鳳梨50克。

調味料 / Flavoring
白糖1匙，糖桂花適量。

製作步驟

1 藕粉用適量溫水沖泡，攪拌均匀，備
　用。
2 鍋中放入適量水，大火煮滾。
3 蘋果、鳳梨去皮，切成小丁，放入鍋
　中，撒入適量白糖，煮3分鐘。
4 將藕粉倒入鍋中，小火煮至顏色透明，
　盛出，撒入糖桂花即可。

糖桂花的香氣很迷人，只放一點就
夠了。

第九章
主食

　　主食在一日三餐中佔了很大比重，主食吃得好，就會很有飽足感，讓素食者少受罪。更重要的是，將主食作為改善營養的主力，讓身體充滿能量。

四喜蒸餃

玉米

玉米中所含的穀胱甘肽有抗癌作用，可與人體內多種致癌物質結合，使這些物質失去致癌性。玉米中所含的纖維素是一種不能為人體吸收的碳水化合物，可降低腸道內致癌物質的濃度，並減少分泌毒素的腐質在腸道內的累積，進而減少結腸癌和直腸癌的發病率。

材料 / Material Science

麵粉400克，紅蘿蔔1根，乾香菇6朵，芥菜、芹菜、玉米粒各100克。

調味料 / Flavoring

蔥末、蒜末、油、鹽各適量。

製作步驟：

第1步：將麵粉倒入盆中，緩緩倒入滾水，然後用筷子順一個方向攪拌均勻，揉成麵團，靜置2分鐘。用手反覆按揉成麵團，發酵20分鐘，用手捏成小塊，擀成餃子皮。

第2步：香菇用溫水浸泡20分鐘，擠乾水分。芹菜去葉，紅蘿蔔去皮，和香菇一起切末。

第3步：鍋中水大火煮滾，放入玉米粒，煮3分鐘，撈出。

第4步：芥菜放入滾水中汆燙2分鐘，撈出切碎，加鹽、蔥末、蒜末、油攪拌均勻，製成餡料。

第5步：取適量餡料放入餃子皮中，再按照上下左右的方向將餃子皮拉起，對角黏住按緊，然後將4邊形成的小口袋整理成一樣大小。

第6步：在4個小口袋中分別裝入香菇碎、紅蘿蔔碎、芹菜碎、玉米粒。

第7步：另起鍋，大火煮滾後放入餃子，蒸8分鐘即可。

這樣做更有味 **Tips**

麵粉和水的比例在2：1左右比較合適，一邊攪拌，一邊加水。餡料可以根據個人喜好搭配，只要顏色對比鮮明一點就可以。餃子中間要捏緊，不然蒸的時候會散開，破壞造型。

每 100 克玉米所含的營養成分

營養成分	含量
脂肪	1.2 克
碳水化合物	19.9 克
蛋白質	4 克
維生素 C	16 毫克
鈣	1 毫克
鐵	1.1 毫克

小巧精緻的造型，豐富的口感，
任誰都無法抵擋的誘惑。

燕麥中的維生素B群、菸鹼酸、葉酸、泛酸都比較豐富，
還含有燕麥精，具有穀類特有的香味，能有效刺激食欲。

燕麥南瓜粥

材料 / Material Science
燕麥30克，蓬萊米50克，南瓜1/2個。

調味料 / Flavoring
鹽適量。

製作步驟
1 蓬萊米用水浸泡30分鐘。南瓜去皮去
  瓤，切成小塊。
2 將蓬萊米放入鍋中，加適量水，大火煮
  滾後，轉小火煮20分鐘。
3 放入南瓜塊，小火煮10分鐘。放入燕
  麥，繼續用小火煮10分鐘。
4 關火後，放入鹽調味即可。

椰味紅薯粥

材料 / Material Science
椰子肉50克，椰汁100毫升，紅薯100
克，花生、蓬萊米各50克。

調味料 / Flavoring
白糖適量。

製作步驟
1 蓬萊米、花生分別用水浸泡30分鐘。地
  瓜去皮，切成小塊。
2 鍋中放入適量水、花生、地瓜塊，煮至
  熟爛。
3 將椰子肉削成絲。
4 將椰子絲、椰汁一同倒入地瓜粥裡，加
  白糖攪拌均勻即可。

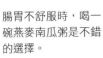

腸胃不舒服時，喝一
碗燕麥南瓜粥是不錯
的選擇。

葡萄乾中的鐵、鋅含量遠遠超過新鮮葡萄，素食者要多吃。
要選稍微帶點水分的葡萄乾，味道酸甜可口，吃起來很有滋味。

蘋果葡萄乾粥

材料 / Material Science
蓬萊米50克，蘋果1個，葡萄乾20克。

調味料 / Flavoring
蜂蜜適量。

製作步驟

1 蓬萊米用水浸泡30分鐘，備用。
2 蘋果去皮，切丁，放入水中，以免氧化後變成褐色。
3 鍋中放入蓬萊米、蘋果丁，加適量水大火煮滾，轉小火熬煮40分鐘。
4 食用前加蜂蜜、葡萄乾攪拌均勻即可。

蓮子芋頭粥

材料 / Material Science
糯米50克，蓮子、芋頭各30克。

調味料 / Flavoring
白糖適量。

製作步驟

1 將糯米、蓮子分別用水浸泡30分鐘，備用。
2 芋頭去皮，切成小塊。
3 將蓮子、糯米、芋頭塊一起放入鍋中，加適量水同煮。
4 粥熟後，加白糖調味即可。

不去芯的蓮子煮熟後是苦的，有去火的功效。

無花果中含有蘋果酸、檸檬酸、脂肪酶、蛋白酶、水解酶等，能幫助消化、促進食欲。
無花果還含有多種脂類，具有良好的瘦身減重作用。

養顏粥

材料 / Material Science
紅米、糯米、薏仁各50克，紅棗5顆。

調味料 / Flavoring
冰糖適量。

製作步驟

1 紅米用水浸泡12小時，備用。
2 糯米、薏仁分別用水浸泡2小時，備用。
3 鍋中放入紅米、糯米、薏仁、紅棗，按照1:10的比例加水，大火煮滾。
4 轉小火燜煮1小時，放入冰糖，攪拌均勻即可。

無花果粥

材料 / Material Science
無花果30克，蓬萊米50克。

調味料 / Flavoring
蜂蜜適量。

製作步驟

1 蓬萊米放入鍋中，加適量水熬煮。
2 煮滾後，放入無花果，略煮片刻。
3 待粥微溫後，加適量蜂蜜調味即可。

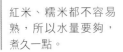

紅米、糯米都不容易熟，所以水量要夠，煮久一點。

素食的食材選擇上靈活，可以添加各種堅果，
如腰果、松子、榛果等，讓菜餚的營養更豐富。

紅米糰子

材料 / Material Science
糯米、紅米各100克，紅蘿蔔1根，香菇
5朵。

調味料 / Flavoring
生抽、黑胡椒粉、花椒油、澱粉、鹽各
適量。

製作步驟

1 糯米、紅米用水浸泡12小時。紅蘿蔔去
　皮，切碎。香菇用溫水浸泡20分鐘，擠
　乾水分，切碎，加調味料醃10分鐘。
2 紅米用滾水煮10分鐘，撈出放涼。
3 將紅蘿蔔、香菇碎、紅米攪拌均勻，揉
　成米糰。將米糰放入糯米中均勻沾滿糯
　米，放入蒸籠中，蒸20分鐘即可。

什錦果汁飯

材料 / Material Science
蓬萊米100克，蘋果、鳳梨、蜜棗、葡萄
乾各25克。

調味料 / Flavoring
白糖、番茄醬、澱粉各適量。

製作步驟

1 將蓬萊米和適量水放入電鍋中，燜熟。
2 蘋果、鳳梨去皮，切丁。鳳梨丁用淡鹽
　水浸泡10分鐘。蜜棗切丁。
3 將澱粉和米飯以外的所有材料放入鍋
　內，大火煮滾。
4 用澱粉勾芡，製成什錦醬，淋在米飯上
　即可。

水果的選擇並不固定，可以按照個
人喜好隨意搭配。

糙米屬於粗糧，一週吃 2 次對身體很有益處。糙米有補氣養陰、清熱涼血的功效，富含維生素 B 和 E，能夠促進血液循環，提高免疫力。

紫米雜糧粥

材料 / Material Science
紫米、糙米、薏仁各30克。

調味料 / Flavoring
紅糖適量。

製作步驟

1 紫米、糙米、薏仁分別浸泡2小時，備用。
2 鍋中放入紫米、糙米、薏仁和適量水，大火煮滾後轉小火。
3 粥煮至黏稠時，放入紅糖即可。

山藥糙米粥

材料 / Material Science
山藥100克，糙米80克，枸杞適量。

調味料 / Flavoring
白糖適量。

製作步驟

1 糙米用水浸泡2小時。枸杞用溫水浸泡10分鐘。山藥去皮，切成小丁。
2 鍋中放入糙米和適量水，大火煮滾後轉小火。
3 煮至八分熟時，放入山藥丁，小火熬煮。
4 加枸杞、白糖調味即可。

紫米能滋陰補腎、明目活血，適合虛性體質者食用。

黑米的膳食纖維含量豐富，能夠降低血液中膽固醇的含量，
有效預防冠狀動脈硬化引起的心臟病。黑米配紅棗，能夠安神養血，益氣生津。

黑米紅棗粥

材料 / Material Science
紅棗6顆，黑米100克，枸杞適量。

調味料 / Flavoring
白糖適量。

製作步驟

1 黑米用水浸泡12小時。紅棗去核，枸杞用溫水浸泡20分鐘。
2 鍋中放入黑米和適量水，大火煮滾後轉小火煮20分鐘。
3 放入紅棗，待粥煮熟時，放入枸杞，煮5分鐘。
4 放入白糖，攪拌均勻即可。

五仁粥

材料 / Material Science
蓬萊米100克，黑芝麻、松子、核桃、桃仁、杏仁各10克。

調味料 / Flavoring
冰糖適量。

製作步驟

1 蓬萊米用水浸泡30分鐘。
2 將黑芝麻、松子、核桃、桃仁、杏仁分別炒熟，混合均勻。
3 鍋中放入蓬萊米和適量水，大火煮滾後轉小火，熬煮成粥。
4 待粥煮熟時，放入剩餘材料，小火繼續熬煮。粥煮至熟爛時，放入冰糖，攪拌均勻即可。

五仁粥裡的堅果都含有豐富的脂肪油，利於潤腸通便。

鮮蔬彩餃

重點介紹

菠菜

菠菜含有大量的植物粗纖維，具有促進腸道蠕動的作用，利於排便，且能促進胰腺分泌，幫助消化。菠菜中所含的胡蘿蔔素會在人體內轉變成維生素A，能維護正常視力和上皮細胞的健康，增加預防傳染病的能力，促進兒童生長發育。

這樣做更有味

蔬菜的量要夠，以免蔬菜汁不夠。蔬菜的選擇很重要，紫色的可以選擇紫甘藍、紫薯等，但煮過之後顏色會變淡。綠色的可以選擇芹菜、菠菜等綠葉蔬菜，黃色的首選是紅蘿蔔。紅色的則是番茄，將番茄榨汁後和麵，顏色和紅蘿蔔汁比較接近。

材料 / Material Science

紫甘藍1個，紅蘿蔔2根，菠菜200克，香菇、芹菜各100克，麵粉300克。

調味料 / Flavoring

蔥末、蒜末、黑胡椒粉、油、鹽各適量。

製作步驟：

第1步：紅蘿蔔去皮，切丁。紫甘藍切塊，菠菜切段。

第2步：將以上材料分別放入果汁機中打成汁，過濾。

第3步：將每種蔬果汁約加100克麵粉，製成鮮蔬麵團。

第4步：將鮮蔬麵團發酵10分鐘後，用手捏成小塊，擀成餃子皮。

第5步：香菇用溫水浸泡20分鐘，擠乾水分，切碎。

第6步：芹菜去葉，切成小粒，和香菇碎、蔥末、蒜末、黑胡椒粉、油、鹽攪拌均勻，製成餡料。

第7步：將餡料包入餃子，放入滾水中，煮滾後向鍋中倒1小碗涼水。

第8步：待鍋中再次煮滾，再倒入1小碗涼水，繼續煮2分鐘，直至餃子浮起即可。

每 100 克菠菜所含的營養成分

成分	含量
脂肪	0.3 克
碳水化合物	4.5 克
蛋白質	2.6 克
胡蘿蔔素	2920 微克
鈣	66 毫克
鐵	2.9 毫克

色彩繽粉的餃子，
美得像一幅畫。

核桃、黑米、黑芝麻都是健腦佳品，能夠滿足青少年成長發育的需求。
此外，核桃中富含的植物脂肪，還可以滋潤肌膚、潤腸通便。

桂圓栗子粥

材料 / Material Science
玉米粒、桂圓、栗子各20克，小米50克。

調味料 / Flavoring
紅糖適量。

製作步驟

1 小米用水浸泡4小時。栗子去殼，切成
　小塊。
2 鍋中放入玉米粒、栗子、桂圓、小米和
　適量水，大火煮滾。
3 轉小火再煮1小時左右，熬煮成粥。
4 待粥煮熟時，放入紅糖，攪拌均勻即
　可。

益智健腦粥

材料 / Material Science
黑米100克，核桃20克，黑芝麻10克，桂
花適量。

調味料 / Flavoring
蜂蜜適量。

製作步驟

1 黑米用水浸泡12小時。
2 鍋中放入黑米和適量水，大火煮滾後轉
　小火，熬煮成粥。
3 放入核桃、黑芝麻，小火繼續熬煮。
4 待粥煮熟時，放入桂花，略煮片刻，關
　火放涼後，放入蜂蜜即可。

腦力勞動可以多吃
栗子和桂圓，護腎
養腦。

無論是雜蔬飯還是檸檬飯，都為普通的米飯增添了無盡的色彩。
只要一點點變化，就會為生活增加很多樂趣。

什蔬飯

材料 / Material Science
蓬萊米100克，玉米粒30克，豌豆、紅蘿蔔各適量。

調味料 / Flavoring
白胡椒粉、香油、鹽各適量。

製作步驟

1 蓬萊米用水浸泡2小時。
2 將蓬萊米放入砂鍋中，加適量水，不斷攪拌。中大火煮至水沸後，加蓋，小火煮至米飯膨脹。
3 紅蘿蔔去皮切丁，和玉米粒、豌豆一起放入鍋中，小火燜煮至熟。
4 關火後，加鹽、白胡椒粉、香油調味即可。

檸檬飯

材料 / Material Science
香米200克，檸檬1個。

調味料 / Flavoring
鹽適量。

製作步驟

1 檸檬切成兩半，一半去皮切末，一半切成薄片。
2 香米放入鍋中，加適量水和鹽燜煮。
3 飯熟後，裝盤，撒上檸檬末，周圍放上檸檬片裝飾即可。

香米的香氣比較濃郁，和清香檸檬的搭配，味道不一般。

如果有時間在家自己製作手擀麵，麵粉最好使用高筋麵粉，
其次是中筋麵粉，也可以加入雞蛋增加嚼勁。

扁豆燜麵

材料 / Material Science
扁豆150克，麵條300克。

調味料 / Flavoring
生抽、白糖各1小匙，蔥末、蒜末、香
油、油、鹽各適量。

製作步驟

1 扁豆除去兩端的莖，剝成兩段。
2 油鍋燒熱，放入蔥、蒜末爆香，放入扁
　豆段翻炒。倒入生抽、白糖、鹽翻炒均
　勻，加水淹過扁豆段。
3 加蓋，中火燜至湯汁煮滾。
4 將適量麵條鋪在扁豆段上，加蓋，小火
　燜至水分即將收乾，將扁豆段和麵條攪
　拌均勻，撒上蒜末、香油即可。

麻醬涼麵

材料 / Material Science
麵條200克，黃瓜1/2根，熟花生20克，香
菜1小把。

調味料 / Flavoring
生抽、白芝麻各1匙，芝麻醬1大匙，白
糖、辣椒油、油、鹽各適量。

製作步驟

1 香菜切碎，黃瓜切成細絲。油鍋燒熱，
　小火將白芝麻、花生分別炒香並碾碎。
2 將芝麻醬、生抽、白糖攪拌均勻，倒入
　適量冰水，製成醬汁。將熟白芝麻、香
　油、辣椒油、鹽、香菜碎攪拌均勻。
3 將麵條煮熟，並過冷水。放入容器中，
　淋入醬汁，擺上黃瓜絲，再放入熟花生
　碎，攪拌均勻即可。

自己製作手擀麵最勁道，
燜熟後口感比較好。

蕎麥屬於高膳食纖維的低熱量食物，富有飽足感，是減重的理想選擇，
搭配海帶和白芝麻食用，別有風味。

蕎麥涼麵

材料 / Material Science
蕎麥麵條100克，海帶30克。

調味料 / Flavoring
醬油、醋、白糖、白芝麻各適量。

製作步驟

1 海帶用水浸泡2小時，切成細絲。
2 蕎麥麵條煮熟，撈出，加冰水冷卻，瀝
　去多餘水分。
3 碗中放入適量水、醬油、白糖、醋，攪
　拌均勻，倒在蕎麥面上。
4 撒上海帶絲、白芝麻即可。

海帶燜飯

材料 / Material Science
蓬萊米100克，海帶50克。

調味料 / Flavoring
鹽適量。

製作步驟

1 海帶用水浸泡2小時，切成小塊。
2 鍋蓬萊米用水浸泡30分鐘。
3 鍋中放入水和海帶塊，大火煮滾後再煮
　5分鐘，撈出。
4 電鍋中倒入適量水，放入海帶塊、蓬萊
　米、鹽，攪拌均勻，燜熟即可。

海帶要選質地較厚的，適合燜煮，
口感比較好。

紅豆沙也可以自己做,把紅豆煮熟爛後,放入攪拌機中打碎,
再用乾淨紗布包好,擠出水分。

南瓜包

材料 / Material Science
南瓜1個,糯米粉200克,香菇、藕粉、竹筍各適量。

調味料 / Flavoring
醬油、白糖、油各適量。

製作步驟

1 南瓜去皮切塊,上鍋蒸20分鐘後,搗成泥狀。香菇用溫水浸泡20分鐘,撈出,擠乾水分。

2 香菇、竹筍切丁,加醬油、白糖炒香,當餡備用。

3 藕粉用溫水攪拌均勻,和糯米粉、南瓜、油揉成麵團。將麵團分成若干份,擀成包子皮狀,包入適量的餡。將南瓜包放入蒸籠,蒸10分鐘即可。

豆沙包

材料 / Material Science
南瓜250克,糯米粉200克,紅豆沙適量。

調味料 / Flavoring
白糖適量。

製作步驟

1 南瓜去籽,包上保鮮膜,用微波爐加熱10分鐘。

2 挖出南瓜肉,加糯米粉、白糖,揉成麵團。

3 將紅豆沙搓成小圓球,包入豆沙餡,蒸10分鐘即可。

餡料多,味道好,大人小孩都愛吃。

玉米粉發糕的香甜，有種淳樸自然的香味，雖然比不了奶油蛋糕的鬆軟，
甚至因富含玉米纖維而有粗糙的顆粒，但卻有種扎實感。

玉米粉發糕

材料 / Material Science
玉米粉300克，白糖150克。

調味料 / Flavoring
酵母10克，小蘇打3克。

製作步驟

1 將玉米粉放入盆中，加酵母和適量溫水，攪拌均勻，靜置發酵。
2 待玉米粉團發酵好後，放入白糖、小蘇打揉勻。
3 蒸籠內鋪上濕的蒸籠布，倒入玉米粉團，鋪平，用大火蒸約15分鐘。將蒸好的玉米粉發糕放在砧板上，放涼，切成小塊即可。

豆腐餡餅

材料 / Material Science
豆腐150克，麵粉200克，白菜300克。

調味料 / Flavoring
蔥末、薑末、油、鹽各適量。

製作步驟

1 豆腐抓碎，白菜切碎，分別擠去水分。
2 將蔥末、薑末倒入豆腐碎、白菜碎中，加鹽調成餡料。
3 麵粉加水揉成麵團，分成10份，擀成湯碗大的麵皮。將餡分成5份，2張麵皮中間放1份。用湯碗扣一下麵皮，去邊，捏緊。
4 油鍋燒熱，將餡餅煎至兩面淺黃即可。

豆腐餡餅除了能補充植物蛋白，又能促進消化。

第十章
禪味素食

　　將飲食作為一場修行，我們每天都能觀照自己的內心。行走在生命的旅途上，一花一世界，一葉一菩提。在一飯一菜之間，若常懷感恩之心，就常懷歡喜之心。看山是山，看水是水，世間事便有萬千美好。

醉東坡

白蘿蔔

白蘿蔔生食熟食均可，所含的芥子油、澱粉酶和粗纖維具有促進消化、增強食欲、加快胃腸蠕動和止咳化痰的作用。中醫理論也認為白蘿蔔味辛甘，性涼，入肺胃經，為食療佳品，可以治療或輔助治療多種疾病。

材料 / Material Science
白蘿蔔1根，豆乾100克。

調味料 / Flavoring
生抽1匙，番茄醬2匙，澱粉、油、鹽各適量。

製作步驟：

第1步：鍋中倒入適量水，大火煮滾後，放入白蘿蔔，蒸5分鐘。

第2步：白蘿蔔去皮，切成厚一點的長條，用廚房紙巾吸乾水分。在白蘿蔔條上撒上適量鹽，然後均勻抹上澱粉。

第3步：將豆乾切成和白蘿蔔寬度一致的長條，然後按豆乾、白蘿蔔、豆乾的順序擺好，製成肉方。

第4步：將肉方放入鍋中，大火蒸熟。

第5步：油鍋燒熱，用小火煎炸肉方，直至豆乾變色。

第6步：將肉方再次放入鍋中，蒸2分鐘後取出，切成小塊，盛盤。

第7步：油鍋燒熱，放入生抽、番茄醬、鹽，煮滾後加澱粉勾芡，淋在盤中即可。

這樣做更有味

白蘿蔔也可以用冬瓜代替，口感會軟一點。醬汁顏色深一點才好看，肉方的顏色更亮麗，比較漂亮。

每 100 克白蘿蔔所含的營養成分

營養成分	含量
脂肪	0.1 克
碳水化合物	5 克
蛋白質	0.9 克
維生素 C	21 毫克
鈣	36 毫克
鐵	0.5 毫克

淋一點番茄醬，
味道更好。

蓮葉田田

高麗菜

高麗菜的水分含量高（約90%）而熱量低，營養價值與大白菜相差無幾，其中維生素C的含量還更高。此外，高麗菜富含葉酸，這是甘藍類蔬菜的優點，所以，孕婦及貧血患者應多吃高麗菜。

材料 / Material Science
高麗菜1個。

調味料 / Flavoring
素蠔油2大匙，米醋1大匙，白糖1匙，枸杞、鹽各適量。

製作步驟：

第1步：枸杞用溫水浸泡10分鐘，備用。用刀切去高麗菜的根部，將菜葉小心剝下，儘量保持菜葉完整。

第2步：鍋中倒入適量水，大火煮滾。將高麗菜葉放入鍋中汆燙10秒左右，撈出過冷水，瀝乾

第3步：將高麗菜葉平鋪在砧板上，以葉柄為中心，將菜葉向中間折疊後，從根部捲至葉尖，稍微用力固定，均勻擺在盤中。

第4步：將素蠔油、米醋、白糖、鹽攪拌均勻，調成醬汁，淋在高麗菜捲上。

第5步：將枸杞點綴在高麗菜捲上即可。

這樣做更有味 Tips

高麗菜葉的形狀越完整越好，捲起來不會有破損，造型完整。高麗菜不用汆燙太久，過冷水速度要快，這樣顏色比較翠綠，口感也很爽嫩。

每 100 克高麗菜所含的營養成分

營養成分	含量
脂肪	0.2 克
碳水化合物	4.6 克
蛋白質	1.5 克
鉀	124 毫克
鈣	49 毫克
鐵	0.6 毫克

嫩綠的顏色
比蓮葉還討喜。

白玉佛手

娃娃菜

娃娃菜味道甘甜，價格比普通白菜略高，營養價值和大白菜差不多，富含維生素和硒，葉綠素含量較高，具有高營養價值。娃娃菜還含有豐富的纖維素及微量元素，也有助於預防結腸癌。

材料 / Material Science

娃娃菜9棵，香菇4朵，荸薺4~6個。

調味料 / Flavoring

蔬菜素高湯3大匙，白糖、白胡椒粉、澱粉、香油、油、鹽各適量。

製作步驟：

第1步：香菇用溫水浸泡20分鐘，擠乾水分，切碎。

第2步：荸薺去皮，用水汆燙3分鐘，撈出，切碎。

第3步：將娃娃菜用水汆燙2分鐘，撈出瀝乾。

第4步：油鍋燒熱，放入香菇碎和荸薺碎翻炒。

第5步：放入白糖、白胡椒粉、澱粉，翻炒至黏稠，盛出放涼，製成餡料，一層層鋪在娃娃菜上，放入盤中，蒸8分鐘。

第6步：將蔬菜素高湯、澱粉、香油、鹽放入鍋中，小火煮滾，淋在娃娃菜上即可。

這樣做更有味 Tips

這是一道大菜，取材方便，但製作過程需要特別耐心。盛放娃娃菜的盤子越大越好，擺盤的時候也方便。

每 100 克娃娃菜所含的營養成分

營養成分	含量
脂肪	0.3 克
碳水化合物	16 克
蛋白質	15 克
維生素 C	2 毫克
鈣	9 毫克
鐵	19 毫克

放一朵花椰菜當作點綴，
立刻提升菜餚品質。

芙蓉盞

紅蘿蔔

紅蘿蔔素有「小人參」之稱，富含糖類、脂肪、揮發油、胡蘿蔔素、維生素A、維生素B1、維生素B2、花青素、鈣、鐵等營養成分。紅蘿蔔中的胡蘿蔔素轉變成維生素A，維生素A是骨骼正常生長發育的必需物質，有助於細胞增殖與生長，是身體生長要素，對促進嬰幼兒的生長發育具有重要意義。

材料 / Material Science

紅蘿蔔1根，黃瓜1/2根，香菇50克，餛飩皮15張。

調味料 / Flavoring

素蠔油、油、鹽各適量。

製作步驟：

第1步：香菇用溫水浸泡20分鐘，撈出，切成小丁。

第2步：取3張餛飩皮，將一角重疊，沾一點水。用相同做法，將剩餘的餛飩皮製作好。將紅蘿蔔的根削平，放在餛飩皮重疊的部分，壓緊，向中心靠攏一下。

第3步：油鍋燒熱，放入餛飩皮，小火煎至顏色淺黃，煎炸的過程中輕輕旋轉。

第4步：黃瓜、紅蘿蔔切丁，放入油鍋翻炒，淋入素蠔油、鹽。放入香菇丁，再翻炒3分鐘，裝入餛飩皮中即可。

這樣做更有味

外面買的餛飩皮中間一定要沾水固定，不然會散開。而且，炸的時候不要拿走紅蘿蔔，不然中間會鼓起來，裝不下餡料。

每 100 克紅蘿蔔所含的營養成分

營養成分	含量
脂肪	0.3 克
碳水化合物	8.8 克
蛋白質	0.6 克
膳食纖維	1.1 克
鈣	30 毫克
鐵	0.6 毫克

美得像朵盛開的花，
造型先搶了眼。

板豆腐質地比較硬，不容易煎碎，
在上面裹一層澱粉，更容易成形。

金剛豆腐

材料 / Material Science
板豆腐1塊，香菇4朵，紅椒1個，黃瓜、紅蘿蔔各1/2根，玉米粒適量。

調味料 / Flavoring
醬油1小匙，蔥段、薑片、芡水、白糖、油、鹽各適量。

製作步驟：

第1步：香菇用溫水浸泡20分鐘，切丁。

第2步：豆腐切成厚片，黃瓜、紅蘿蔔切丁，紅椒切成小塊。

第3步：中水大火煮滾，放入香菇丁、紅蘿蔔丁汆燙，撈出。

第4步：另起鍋，油鍋燒熱，放入豆腐片，小火煎至兩面淺黃，撈出。

第5步：用鍋內餘油爆香蔥段、薑片，放入紅蘿蔔丁、黃瓜丁、香菇丁和玉米粒翻炒。淋入醬油、水、白糖、芡水勾芡，湯汁略黏稠時，調入鹽，盛出，淋在豆腐片上即可。

紅蘿蔔、油麵筋比較吸油，製作完成後可以先瀝油再盛盤。

羅漢上素

材料 / Material Science
香菇、蘑菇各4朵，腐竹、乾黑木耳、白木耳各1小把，青椒1個，馬鈴薯1個，紅蘿蔔1/4根，冬筍、油麵筋各適量。

調味料 / Flavoring
料酒、生抽、香油各2匙，蔥段、白糖、芡水、油、鹽各適量。

製作步驟：

第1步：乾黑木耳、白木耳、腐竹分別用水浸泡2小時，腐竹切絲。

第2步：香菇用溫水浸泡20分鐘，表面劃十字刀。

第3步：蘑菇、冬筍切片，馬鈴薯、紅蘿蔔去皮，和油麵筋、青椒一同切塊。

第4步：油鍋燒熱，放入蔥段爆香。放入所有材料翻炒均勻後，加料酒、生抽、白糖、芡水、香油、鹽攪拌均勻即可。

南瓜盅的造型那麼漂亮，
真不忍心動筷子呢。

結緣金缽

材料 / Material Science
小南瓜1個，金針菇 100克，冬粉1小把。

調味料 / Flavoring
蔬菜素高湯、芡水、油、鹽各適量。

製作步驟：

第1步：將南瓜放在砧板上，切去1/4的部分當作蓋子。

第2步：挖出南瓜籽和瓤，留下部分清洗乾淨，製成南瓜盅。

第3步：鍋中倒入適量水，大火煮滾，放入南瓜盅和南瓜蓋，上鍋蒸熟，取出放涼。

第4步：鍋中放入金針菇，汆燙2分鐘，撈出。

第5步：另起鍋，倒入素高湯和適量水，大火煮滾後，放入金針菇。

第6步：冬粉用水浸泡2分鐘，撈出，放入鍋中，煮至完全熟透。淋入芡水、油、鹽，攪拌均勻。

第7步：將鍋中食物及湯汁緩緩倒入南瓜盅中，蓋上南瓜蓋，燜2分鐘即可。

有了蔬菜素高湯，香菇的味道更濃郁更豐富。

至善香積

材料 / Material Science
香菇10朵，豆腐1/2塊，豆乾2塊，紅椒1個，玉米粒適量。

調味料 / Flavoring
白糖1小匙，蔬菜素高湯、黑胡椒粉、油、鹽各適量。

製作步驟：

第1步：香菇用溫水浸泡20分鐘，撈出。

第2步：豆腐切成小塊，放入滾水中汆燙1分鐘，撈出。

第3步：將豆腐塊碾成泥狀，加澱粉、鹽攪拌均勻。

第4步：紅椒切成小塊，豆乾切成碎末，備用。

第5步：油鍋燒熱，放入玉米粒，不停翻炒。

第6步：放入紅椒塊、豆乾碎翻炒，然後放入白糖、鹽，翻炒均勻後盛出，製成餡料。

第7步：香菇去蒂，在表面劃十字刀，放入加鹽、油的滾水中，汆燙2分鐘。

第8步：將蔬菜素高湯加水煮滾，撒入黑胡椒粉、鹽，放入香菇，煮5分鐘。

第9步：將香菇撈出，倒扣在盤中，撒上適量澱粉，然後倒入餡料即可。

Orange Taste 25

蔬食・舒食
——營養且豐盛的 200 道美味素食

作　　者　漢　竹
總 編 輯　于筱芬 CAROL YU, Editor-in-Chief
副總編輯　謝穎昇 EASON HSIEH, Deputy Editor-in-Chief
業務經理　陳順龍 SHUNLONG CHEN, Sales Manager
媒體行銷　張佳懿 KAYLIN CHANG, Social Media Marketing
美術設計　點點設計
製版／印刷／裝訂　皇甫彩藝印刷股份有限公司

"本書繁體版由四川一覽文化傳播廣告有限公司代理，
經江蘇鳳凰科學技術出版社有限公司／漢竹授權出版"

─── 編輯中心 ───

ADD ／ 320013 桃園市中壢區山東路 588 巷 68 弄 17 號
No. 17, Aly. 68, Ln. 588, Shandong Rd., Zhongli Dist., Taoyuan City
320014, Taiwan (R.O.C.)
TEL ／（886）3-381-1618 FAX ／（886）3-381-1620
MAIL: orangestylish@gmail.com
粉絲團 https://www.facebook.com/OrangeStylish/

─── 全球總經銷 ───

聯合發行股份有限公司
ADD ／新北市新店區寶橋路 235 巷弄 6 弄 6 號 2 樓
TEL ／（886）2-2917-8022　FAX ／（886）2-2915-8614

初版日期 2024 年 12 月